财政部"十三五"规划教材

高等师范教育精品教材系列丛书

步红霞　孔志勇　袁慧敏　主编

# 大 学 物 理 实 验

## Experiment of College Physics

中国财经出版传媒集团

经济科学出版社
Economic Science Press

图书在版编目（CIP）数据

大学物理实验/步红霞，孔志勇，袁慧敏主编．
—北京：经济科学出版社，2020.1（2024.1 重印）
（高等师范教育精品教材系列丛书）
ISBN 978 - 7 - 5218 - 1218 - 3

Ⅰ.①大… Ⅱ.①步…②孔…③袁… Ⅲ.①物理学 -
实验 - 高等师范院校 - 教材 Ⅳ.①O4 - 33

中国版本图书馆 CIP 数据核字（2020）第 008042 号

责任编辑：郎　晶
责任校对：刘　昕
责任印制：李　鹏

**大学物理实验**
步红霞　孔志勇　袁慧敏　主编
经济科学出版社出版、发行　新华书店经销
社址：北京市海淀区阜成路甲 28 号　邮编：100142
总编部电话：010 - 88191217　发行部电话：010 - 88191522
网址：www. esp. com. cn
电子邮件：esp@ esp. com. cn
天猫网店：经济科学出版社旗舰店
网址：http://jjkxcbs. tmall. com
北京密兴印刷有限公司印装
710×1000　16 开　14 印张　260000 字
2020 年 3 月第 1 版　2024 年 1 月第 2 次印刷
印数：2001—3000 册
ISBN 978 - 7 - 5218 - 1218 - 3　定价：36. 00 元
（图书出现印装问题，本社负责调换。电话：010 - 88191510）
（版权所有　侵权必究　打击盗版　举报热线：010 - 88191661
QQ：2242791300　营销中心电话：010 - 88191537
电子邮箱：dbts@ esp. com. cn）

# 编委会名单

# 总　序

　　随着社会主义市场经济体制的不断完善和高等教育的快速发展，我国教师教育受到党和政府的高度重视。中共中央在《关于深化教育改革全面推进素质教育的决定》中指出："调整师范学校的层次和布局，鼓励综合性高等学校和非师范类高等学校参与培养、培训中小学教师的工作，探索在有条件的综合性高等学校中试办师范学院。"由此，综合性院校成为我国教师教育发展的一支重要力量，推动教师教育体系发生着深刻的变革。同时，为拓展自身生存和发展的空间，提高办学活力，我国大多数师范院校也在增设非师范专业，逐步建构综合性大学，这既是高等教育发展的规律，也是教师教育发展的必然趋势。

　　综合性大学参与教师的培养，可以发挥雄厚的基础学科优势。从开放型的培养体制来看其优点是：教师来源广泛、储备多，能满足各类教育发展的需要；有利于提高师资培养质量，使师范生的学识水平等同于其他大学。师范院校的综合性发展，既培养多种类型的人才，与地区经济建设紧密结合，又增强自身活力，提高自我造血功能；扩展师范生就业门路，增加与其他类高校毕业生平等竞争的机会。因此，教师教育已经成为一个开放的、动态的体系，即以招生为起点，包括职前教育、入职教育和在职教育三个相互关联的阶段的连续统一体，这样可以促进教师在其职业生涯的所有阶段获得其专业发展。

　　呈现在大家面前的这套高等学校教师教育精品教材系列丛书，是探索教师教育改革的新举措，也是编著团队对教师教育科学研究工作的阶段性成果，缩写过程中倾注了作者大量的心血。教材内容具有先进性、科学性和教学适用性，符合新时期教师教育人才培养目标及课程教学的要求，全面、准确地阐述教师教育课程的基本理论、基本知识和基本技能，取材合适、深度适宜、结构严谨、理论联系实际。能够反映本领域国内外科学研究和教学研究的新知识、新成果、新成就、新技术。利于培养学生的自学能力、独立思考能力和创新能力。

　　教材编写是一项复杂的工作，加之时间紧迫、任务艰巨，难免出现一些疏漏和错误，请读者不吝指正。本教材在编写过程中得到了相关领导和专家的鼎力支持和辛勤付出，以及广大教师、学生的积极参与，在此表示衷心的感谢！

王玉华
齐鲁师范学院党委书记、教授、博士

# 内 容 简 介

　　本书是以齐鲁师范学院、山东中医药大学目前使用的大学物理实验讲义为基础修订和改编的，全书共分两部分。第一部分为绪论，阐述本课程的目的、作用和要求以及有关的误差估算与数据处理方法。第二部分为实验项目部分，包括力学、热学、电学、光学、近代物理学等实验内容，共编排 32 个实验（其中 2 个实验还分别采用 2 种实验方法）涉及了理工、医、农类院校常开设的大学物理实验内容。每个实验项目中都安排了知识准备和问题与反思，用于指导学生预习实验或进一步理解实验项目的意义，便于实验项目的顺利进行和知识的拓展。

# 前　　言

物理实验课涵盖面广,具有丰富的实验思想、方法、手段,同时能提供综合性很强的基本实验技能训练,体现了大多数科学实验的共性。物理实验是培养学生科学精神、科学态度、科学思维方法的基础课程,在培养学生严谨的治学态度、活跃的创新意识、理论联系实际和适应科技发展的综合应用能力方面具有其他实践课程不可替代的作用。作为物理教学改革的重要组成部分,物理实验课的重要性越来越突出,从而适应特定高校专业设置特点和实验设备的具体情况,采用适当的教材的需求也日益迫切。

本书是基于当前大学物理实验教学的基本要求,由齐鲁师范学院和山东中医药大学从事大学物理实验教学的全体一线教师经集体讨论编写而成的。每个实验项目均由长期具体担任该实验项目教学工作的教师在多年教学实践的基础上负责编写。在编写中,编者本着物理实验教学既应该反映科学精神,也应该反映时代发展趋势的宗旨,结合院校大学物理实验室的实际情况,使实验教学体系更加切合实际,教材内容与现有设备配合更加密切,物理实验教学更富有成效。具体体现在物理实验的知识准备、基本方法、实验原理、数据处理的方法和实验结果正确表达的方法等方面。

本书可作为高等院校理工、农、医类的大学物理实验教材或教学参考书,也可作为相关技术人员的教学参考书。

本书的出版得到山东省"高等学校教学改革项目"、"高等学校课程教学研究项目"、"济南物理学会教学研究与改革项目"、"山东中医药大学在线开放项目"和齐鲁师范学院"教材建设项目"的资助,在此,深表感谢。

本书在编写过程中参阅了其他相关的教材和仪器厂家的说明书,在此表示感谢。由于编者的水平有限,加之时间仓促,书中难免有缺点和疏漏,恳请广大专家和读者批评指正。

# 目　录

**第一部分　绪论** …………………………………………………………… 1

　　第一节　物理实验课的目的、作用和要求 ………………………… 1

　　第二节　测量与误差 ………………………………………………… 2

　　第三节　测量结果的评定和不确定度 ……………………………… 8

　　第四节　有效数字及其运算法则 …………………………………… 12

　　第五节　数据处理 …………………………………………………… 15

**第二部分　实验项目** ……………………………………………………… 21

　　实验一　长度测量 …………………………………………………… 21

　　实验二　牛顿第二定律的验证 ……………………………………… 25

　　实验三　单摆法测重力加速度 ……………………………………… 30

　　实验四　用三线摆法测定物体的转动惯量 ………………………… 34

　　实验五　杨氏弹性模量的测量 ……………………………………… 40

　　实验六　液体黏滞系数的测定 ……………………………………… 48

　　实验七　液体表面张力系数的测定 ………………………………… 55

　　实验八　金属电阻温度系数的测定 ………………………………… 59

　　实验九　金属线膨胀系数的测量 …………………………………… 62

　　实验十　冷却法测定金属的比热容 ………………………………… 66

　　实验十一　液体比热容的测定 ……………………………………… 69

　　实验十二　静电场描绘 ……………………………………………… 73

　　实验十三　电学元件的伏安特性测量 ……………………………… 78

　　实验十四　惠斯登电桥测电阻 ……………………………………… 83

　　实验十五　非平衡直流电桥的原理和应用 ………………………… 87

　　实验十六　示波器的原理与使用 …………………………………… 92

实验十七　声速的测量 ················································· 98

实验十八　人耳听觉阈测量 ·········································· 106

实验十九　薄透镜焦距的测量 ······································ 111

实验二十　迈克尔逊干涉仪的调节和使用 ····················· 117

实验二十一　用牛顿环测量球面曲率半径 ····················· 123

实验二十二　分光计的使用 ·········································· 129

实验二十三　马吕斯定律的验证 ···································· 134

实验二十四　偏振光的产生和检验 ································· 143

实验二十五　旋光计测量糖溶液的浓度 ·························· 149

实验二十六　温度传感器 AD590 特性测量与应用 ············ 155

实验二十七　压力传感器特性及人体血压测量 ················ 159

实验二十八　光电效应和普朗克常数的测定 ·················· 164

实验二十九　霍尔效应及其应用 ···································· 174

实验三十　利用霍尔效应测量磁场 ································· 179

实验三十一　脉搏语音信号频谱分析 ···························· 186

实验三十二　夫兰克—赫兹实验 ···································· 195

附录　基本物理常量 ····················································· 203

参考文献 ····································································· 212

# 第一部分  绪  论

物理学是一门重要的基础科学，是理、工、医、农专业的基础课。物理实验是物理学的坚实基础。物理学是研究物质运动一般规律及物质基本结构的科学，它以客观事实为基础，必须依靠观察和实验。归根结底物理学是一门实验科学，无论是物理概念的建立还是物理规律的发现都以严格的科学实验为基础，并通过之后的科学实验来证实。物理实验在物理学的发展过程中起着重要的和直接的作用。

## 第一节  物理实验课的目的、作用和要求

### 一、物理实验课的目的

（1）从理论与实际的结合上培养学生的创新意识和创造能力。

（2）培养学生从事科学实验的初步能力。

（3）培养学生实事求是的科学态度、严谨踏实的工作作风，勇于探索、坚韧不拔的钻研精神，遵守纪律、团结协作、爱护公物的优良品德。

### 二、物理实验课的作用

**（一）实验可以发现新事实，实验结果可以为物理规律的建立提供依据**

经典物理学（力学、热学、电磁学、光学）规律是由以往的无数实验事实为依据总结出来的。比如：X 射线、放射性和电子的发现等为原子物理学、核物理学等的发展奠定了基础。卢瑟福以大角度 $\alpha$ 粒子散射实验结果为依据提出了原子核基本模型。

**（二）实验又是检验理论正确与否的重要判据**

理论物理与实验物理相辅相成。规律、公式是否正确必须经受实践检验。只有经受住实验的检验，由实验所证实，才会得到公认。

1905 年爱因斯坦的光量子假说总结了光的微粒说和波动说之间的争论，能

很好地解释勒纳德等人的光电效应实验结果，但是直到 1916 年密立根以极其严密的实验证实了爱因斯坦的光电方程之后，光的粒子性才被人们所接受。

因此实验是理论建立的一个不可或缺的重要环节。

### 三、物理实验的教学要求

物理实验主要依据物理思想操作仪器进行物理量的测量，观测研究物理现象、仪器特性和物理量的变化规律，要求学生独立进行操作测量、记录和处理数据，分析实验结果。教学程序分为三个阶段。

**（一）预习**

实验前必须阅读教材中的实验原理、实验仪器部分，明确实验目的，弄懂实验原理和实验方法，了解有关测量仪器的性能和使用操作方法。

**（二）实验测量**

认真对每一个实验进行测量，仔细观察物理现象，正确读取和记录测量数据。实验记录内容一般包括：

（1）仪器设备型号、精度等级、允许误差及量程等。

（2）每次观测读到的物理量数值、有效数字和单位等原始测量数据。

（3）与实验条件有关的物理量（如室温、气压等）。

**（三）书写实验报告**

实验结束后，要根据实验要求，正确处理实验数据，并写出完整的实验报告，其格式的内容如下：

（1）实验名称；

（2）实验目的；

（3）实验仪器；

（4）实验原理：简要叙述实验原理、计算公式、线路图或光路图等实验所需的原理；

（5）实验内容；

（6）数据记录和处理；

（7）分析思考。

实验报告要求书写字迹清楚、文句通顺、数据齐全、作图规范、纸面整洁。

## 第二节　测量与误差

物理实验不仅要定性的观察物理现象，更重要的是找出有关物理量之间的定量关系。因此就需要进行定量的测量，以取得物理量数据的表征。对物理量进行测量，是物理实验中极其重要的一个组成部分。对某些物理量的大小进行测定，在实验上就是将此物理量与规定的作为标准单位的同类量或可借以导出的异类物理量进行比较，得出结论，这个比较的过程就叫做测量。例如，物体的质量可通过与规定用千克作为标准单位的标准砝码进行比较而得出测量结果；物体运动速度的测定则必须通过与两个不同的物理量，即长度和时间的标准单位进行比较而获得。比较的结果记录下来就叫做实验数据。测量得到的实验数据应包含测量值的大小和单位，二者是缺一不可的。

## 一、测量分类

按照测量结果获得的方法来分，可将测量分为直接测量和间接测量两类；从测量条件是否相同来分，又有所谓等精度测量和非等精度测量两类。

（1）直接测量和间接测量。直接测量就是把待测量与标准量直接比较得出结果。如用米尺测量物体的长度，用天平称量物体的质量，用电流表测量电流等，都是直接测量。间接测量需要借助函数关系通过直接测量的结果计算出所谓的物理量。例如，已知路程和时间，根据速度、时间和路程之间的关系求出速度就是间接测量。

（2）等精度测量和非等精度测量。等精度测量是指在同一（相同）条件下进行的多次测量，如同一个人，用同一台仪器，每次测量时周围环境条件相同。等精度测量每次测量的可靠程度相同。反之，若每次测量时的条件不同，或测量仪器改变，或测量方法、条件改变，这样所进行的一系列测量叫做非等精度测量。非等精度测量的结果的可靠程度自然也不相同。物理实验中大多采用等精度测量。应该指出：重复测量必须是重复进行测量的整个操作过程，而不是仅仅为重复读数。

## 二、误差与偏差

测量的目的就是为了得到被测物理量所具有的客观真实数据，但由于受测量方法、测量仪器、测量条件以及观测者水平等多种因素的限制，只能获得该物理量的近似值，也就是说，一个被测量值 $N$ 与真值 $N_0$ 之间总是存在着差值，这种差值称为测量误差，即：

$$\Delta N = N - N_0$$

显然误差 $\Delta N$ 有正负之分，因为它是与真值的差值，常称为绝对误差。注意，绝对误差不是误差的绝对值。

　　误差存在于一切测量之中，测量与误差形影不离，分析测量过程中产生的误差，将影响降低到最低程度，并对测量结果中未能消除的误差做出估计，是实验中的一项重要工作，也是实验的基本技能。实验总是根据对测量结果误差限度的一定要求来制定方案和选用仪器的，不要以为仪器精度越高越好。因为测量的误差是各个因素所引起的误差的总合，要以最小的代价来取得最好的结果，要合理地设计实验方案、选择仪器，确定采用这种或那种测量方法。如比较法、替代法、天平复称法等，都是为了减小测量误差；对测量公式进行这样或那样的修正，也是为了减少某些误差的影响；在调节仪器时，如调仪器使其处于铅直、水平状态，要考虑到什么程度才能使它的偏离对实验结果造成的影响可以忽略不计；电表接入电路和选择量程都要考虑到引起误差的大小。在测量过程中某些对结果影响大的关键量，就要努力想办法将它测准；有的测量不太准确对结果没有什么影响，就不必花太多的时间和精力去对待。在进行处理数据时，某个数据取到多少位，怎样使用近似公式，作图时坐标比例、尺寸大小怎样选取，如何求直线的斜率等，都要考虑到引入误差的大小。

　　由于客观条件所限、人们认识的局限性，测量不可能获得待测量的真值，只能是近似值。设某个物理量真值为 $x_0$，进行 $n$ 次等精度测量，测量值分别为 $x_1$，$x_2$，$\cdots$，$x_n$（测量过程无明显的系统误差）。它们的误差为：

$$\Delta x_1 = x_1 - x_0$$
$$\Delta x_2 = x_2 - x_0$$
$$\cdots\cdots$$
$$\Delta x_n = x_n - x_0$$

求和

$$\sum_{i=1}^{n} \Delta x_i = \sum_{i=1}^{n} x_i - n x_0$$

即

$$\frac{\sum_{i=1}^{n} \Delta x_i}{n} = \frac{\sum_{i=1}^{n} x_i}{n} - x_0$$

　　当测量次数 $n \to \infty$，可以证明 $\dfrac{\sum_{i=1}^{n} \Delta x_i}{n} \to 0$，而且 $\dfrac{\sum_{i=1}^{n} x_i}{n} = \bar{x}$ 是 $x_0$ 的最佳估计值，称 $\bar{x}$ 为测量值的近似真实值。为了估计误差，定义测量值与近似真实值的差值为偏差：即 $\Delta x_i = x_i - \bar{x}$。偏差又叫做"残差"。实验中得不到真值，因此也无法知道误差，但可以准确知道测量的偏差，实验误差分析中要经常计算这种偏差，用偏差来描述测量结果的精确程度。

### 三、相对误差

绝对误差与真值之比的百分数叫做相对误差。用 $E$ 表示：

$$E = \frac{\Delta N}{N_0} \times 100\%$$

由于真值无法知道，所以计算相对误差时常用 $N$ 代替 $N_0$。在这种情况下，$N$ 可能是公认值，或高一级精密仪器的测量值，或测量值的平均值。相对误差用来表示测量的相对精确度。相对误差用百分数表示，保留两位有效数字。

### 四、系统误差与随机误差

根据误差的性质和产生的原因，可将其分为系统误差和随机误差。

系统误差是指在一定条件下多次测量的结果总是向一个方向偏离，其数值一定或按一定规律变化。系统误差的特征是具有一定的规律性。系统误差来源于以下几个方面：（1）仪器误差。它是由于仪器本身的缺陷或没有按规定条件使用仪器而造成的误差。（2）理论误差。它是由于测量所依据的理论公式本身的近似性，或实验条件不能达到理论公式所规定的要求，或测量方法等所带来的误差。（3）观测误差。它是由于观测者本人生理或心理特点造成的误差。例如，用"落球法"测量重力加速度，由于空气阻力的影响，多次测量的结果总是偏小，这是测量方法不完善造成的误差；用停表测量运动物体通过某一段路程所需要的时间，若停表走时太快，即使测量多次，测量的时间 $t$ 总是偏大为一个固定的数值，这是仪器不准确造成的误差；在测量过程中，若环境温度升高或降低，使测量值按一定规律变化，是由于环境因素变化引起的误差。

在任何一项实验工作和具体测量中，必须要想尽一切办法，最大限度地消除或减小一切可能存在的系统误差，或者对测量结果进行修正。发现系统误差需要改变实验条件和实验方法，反复进行对比，系统误差的消除或减小是比较复杂的问题，没有固定不变的方法，要具体问题具体分析，各个击破。产生系统误差的原因可能不止一个，一般应找出影响的主要因素，有针对性地消除或减小系统误差。以下介绍几种常用的方法。

检定修正法：它是指将仪器、量具送计量部门检验取得修正值，以便对某一物理量测量后进行修正的一种方法。

替代法：它是指测量装置测定待测量后，在测量条件不变的情况下，用一个已知标准量替换被测量来减小系统误差的一种方法。如消除天平的两臂不等对待测量的影响可用此办法。

异号法：它是指对实验时在两次测量中出现符号相反的误差，采取平均值后消除的一种方法。例如在外界磁场作用下，仪表读数会产生一个附加误差，若将仪表转动180°再进行一次测量，外磁场将对读数产生相反的影响，引起负的附加误差。两次测量结果平均，正负误差可以抵消，从中可以减小系统误差。

在实际测量条件下，多次测量同一量时，误差的绝对值符号的变化时大时小、时正时负，以不可预定方式变化着的误差叫做随机误差，有时也叫偶然误差。当测量次数很多时，随机误差就显示出明显的规律性。实践和理论都已证明，随机误差服从一定的统计规律（正态分布），其特点是：绝对值小的误差出现的概率比绝对值大的误差出现的概率大（单峰性）；绝对值相等的正负误差出现的概率相同（对称性）；绝对值很大的误差出现的概率趋于零（有界性）；误差的算术平均值随着测量次数的增加而趋于零（抵偿性）。因此，增加测量次数可以减小随机误差，但不能完全消除误差。

引起随机误差的原因也很多，与仪器精密度和观察者感官灵敏度有关。如仪器显示数值的估计读数位偏大和偏小；仪器调节平衡时，平衡点确定不准；测量环境扰动变化以及其他不能预测、不能控制的因素，如空间电磁场的干扰、电源电压波动引起测量的变化等。

由于测量者过失，如实验方法不合理、用错仪器、操作不当、读错数值或记错数据等引起的误差是一种人为的过失误差，不属于测量误差，只要测量者采用严肃认真的态度，过失误差是可以避免的。

实验中，精密度高是指随机误差小，而数据很集中；准确度高是指系统误差小，测量的平均值偏离真值小；精确度高是指测量的精密度和准确度都高。数据集中而且偏离真值小，即随机误差和系统误差都小。

## 五、测量的精密度、准确度和精确度

测量的精密度、准确度和精确度都是评价测量结果的术语，但目前使用时其含义并不尽相同，以下介绍较为普遍采用的意见。

测量精密度表示在同样测量条件下，对同一物理量进行多次测量，所得结果彼此间相互接近的程度，即测量结果的重复性、测量数据的弥散程度，因而测量精密度是测量偶然误差的反映。测量精密度高，偶然误差小，但系统误差的大小不明确。

测量准确度表示测量结果与真值接近的程度，因而它是系统误差的反映。测量准确度高，则测量数据的算术平均值偏离真值较小，测量的系统误差小，但数据较分散，偶然误差的大小不确定。

测量精确度则是对测量的偶然误差及系统误差的综合评定。精确度高，测量数据较集中在真值附近，测量的偶然误差及系统误差都比较小。

## 六、随机误差的估算

对某一测量进行多次重复测量，其测量结果服从一定的统计规律，也就是正态分布（或高斯分布）。我们用描述高斯分布的两个参量（$x$ 和 $\sigma$）来估算随机误差。设在一组测量值中，$n$ 次测量的值分别为：$x_1$，$x_2$，$\cdots$，$x_n$。

### （一）算术平均值

根据最小二乘法原理证明，多次测量的算术平均值：

$$\bar{x} = \frac{1}{n} \sum_{i=1}^{n} x_i \tag{1}$$

是待测量真值 $x_0$ 的最佳估计值。$\bar{x}$ 为近似真实值，以后我们将用 $\bar{x}$ 来表示多次测量的近似真实值。

### （二）标准偏差

误差理论证明，平均值的标准偏差为：

$$S_x = \sigma_x = \sqrt{\frac{\sum_{i=1}^{n} (x_i - \bar{x})^2}{n - 1}} \text{（贝塞尔公式）} \tag{2}$$

其意义表示某次测量值的随机误差在 $-\sigma_x \sim +\sigma_x$ 之间的概率为 68.3%。

## 七、算术平均值的标准偏差

当测量次数 $n$ 有限，其算术平均值的标准偏差为：

$$\sigma_{\bar{x}} = \frac{\sigma_x}{\sqrt{n}} \sqrt{\frac{\sum_{i=1}^{n} (x_i - \bar{x})^2}{n(n - 1)}} \tag{3}$$

其意义是测量平均值的随机误差在 $-\sigma_{\bar{x}} \sim +\sigma_{\bar{x}}$ 之间的概率为 68.3%。或者说，待测量的真值在 $(\bar{x} - \sigma_{\bar{x}}) \sim (\bar{x} + \sigma_{\bar{x}})$ 范围内的概率为 68.3%。因此 $\sigma_{\bar{x}}$ 反映了平均值接近真值的程度。

## 八、标准偏差 $\sigma_x$

标准偏差 $\sigma_x$ 小表示测量值密集，即测量的精密度高；标准偏差 $\sigma_x$ 大表示测量值分散，即测量的精密度低。估计随机误差还有用算术平均误差、$2\sigma_x$、$3\sigma_x$

等其他方法来表示的。

## 第三节　测量结果的评定和不确定度

测量的目的是不但要测量待测物理量的近似值，而且要对近似真实值的可靠性做出评定（即指出误差范围），这就要求我们还必须掌握不确定度的有关概念。下面将结合对测量结果的评定对不确定度的概念、分类、合成等问题进行讨论。

### 一、不确定度的含义

在物理实验中，常常要对测量的结果做出综合的评定，通常采用不确定度的概念。不确定度是"误差可能数值的测量程度"，表征所得测量结果代表被测量的程度，也就是因测量误差存在而对被测量不能肯定的程度，因而是测量质量的表征。人们用不确定度对测量数据做出比较合理的评定。对一个物理实验的具体数据来说，不确定度是指测量值（近真值）附近的一个范围，测量值与真值之差（误差）可能落于其中。不确定度小，测量结果可信赖程度高；不确定度大，测量结果可信赖程度低。在实验和测量工作中，不确定度一词近似于不确知、不明确、不可靠、有质疑，是作为估计而言的。因为误差是未知的，不可能用指出误差的方法去说明可信赖程度，而只能用误差的某种可能的数值去说明可信赖程度，所以不确定度更能表示测量结果的性质和测量的质量。用不确定度评定实验结果的误差，其中包含了各种来源不同的误差对结果的影响，而它们的计算又反映了这些误差所服从的分布规律，这更准确地表述了测量结果的可靠程度，因而有必要采用不确定度的概念。

### 二、测量结果的表示和合成不确定度

在做物理实验时，要求表示出测量的最终结果。在这个结果中既要包含待测量的近似真实值 $\bar{x}$，又要包含测量结果的不确定度 $\sigma$，还要反映出物理量的单位。因此，要写成物理含意深刻的标准表达形式，即：

$$x = \bar{x} \pm \sigma \text{（单位）}$$

其中 $x$ 为待测量；$\bar{x}$ 是测量的近似真实值，$\sigma$ 是合成不确定度，一般保留一位有效数字。这种表达形式反映了三个基本要素：测量值、合成不确定度和单位。

在物理实验中，直接测量时若不需要对被测量进行系统误差的修正，一般就取多次测量的算术平均值 $\bar{x}$ 作为近似真实值；若在实验中有时只需测一次或只能

测一次，该次测量值就为被测量的近似真实值。如果要求对被测量进行一定系统误差的修正，通常是将一定系统误差（即绝对值和符号都确定的可估计出的误差分量）从算术平均值 $\bar{x}$ 或一次测量值中减去，从而求得被修正后的直接测量结果的近似真实值。例如，用螺旋测微器来测量长度时，从被测量结果中减去螺旋测微器的零误差。在间接测量中，$\bar{x}$ 即为被测量的计算值。

在测量结果的标准表达式中，给出了一个范围 $(\bar{x}-\sigma) \sim (\bar{x}+\sigma)$，它表示待测量的真值在 $(\bar{x}-\sigma) \sim (\bar{x}+\sigma)$ 范围之间的概率为 68.3%，不要误认为真值一定就会落在 $(\bar{x}-\sigma) \sim (\bar{x}+\sigma)$ 之间。认为误差在 $-\sigma \sim +\sigma$ 之间是错误的。

在上述的标准式中，近似真实值、合成不确定度、单位三个要素缺一不可，否则就不能全面表达测量结果。同时，近似真实值 $\bar{x}$ 的末尾数应该与不确定度的所在位数对齐，近似真实值 $\bar{x}$ 与不确定度 $\sigma$ 的数量级、单位要相同。在开始实验中，测量结果的正确表示是一个难点，要引起重视，从开始就注意纠正，培养良好的实验习惯，才能逐步克服难点，正确书写测量结果的标准形式。

在不确定度的合成问题中，人们主要是从系统误差和随机误差等方面进行综合考虑的，提出了统计不确定度和非统计不确定度的概念。合成不确定度 $\sigma$ 是由不确定度的两类分量（$A$ 类和 $B$ 类）求"方和根"计算而得。为使问题简化，本书只讨论简单情况下（即 $A$ 类、$B$ 类分量保持各自独立变化，互不相关）的合成不确定度。

$A$ 类不确定度（统计不确定度）用 $S_i$ 表示，$B$ 类不确定度（非统计不确定度）用 $\sigma_B$ 表示，合成不确定度为：

$$\sigma = \sqrt{S_i^2 + \sigma_B^2}$$

### 三、合成不确定度的两类分量

物理实验中的不确定度，一般主要来源于测量方法、测量人员、环境波动、测量对象变化等。计算不确定度是将可修正的系统误差修正后，将各种来源的误差按计算方法分为两类，即用统计方法计算的不确定度（$A$ 类）和非统计方法计算的不确定度（$B$ 类）。

$A$ 类统计不确定度是指可以采用统计方法（即具有随机误差性质）计算的不确定度，如测量读数具有分散性、测量时温度波动影响等。通常认为这类统计不确定度服从正态分布规律，因此可以像计算标准偏差那样，用"贝塞尔公式"计算被测量的 $A$ 类不确定度。$A$ 类不确定度 $S_i$ 为：

$$S_i = \sqrt{\frac{\sum_{i=1}^{n}(x_i-\bar{x})^2}{n-1}} = \sqrt{\frac{\sum_{i=1}^{n}\Delta x_i^2}{n-1}}$$

式中 $i = 1$，2，3，…，$n$，表示测量次数。

在计算 $A$ 类不确定度时，也可以用最大偏差法、极差法、最小二乘法等，本书只采用"贝塞尔公式法"，并且着重讨论读数分散对应的不确定度。用"贝塞尔公式"计算 $A$ 类不确定度，可以用函数计算器直接读取，十分方便。

$B$ 类非统计不确定度是指用非统计方法求出或评定的不确定度，如实验室中的测量仪器不准确、量具磨损老化等。评定 $B$ 类不确定度常用估计方法，要估计适当，需要确定分布规律，同时要参照标准，更需要估计者的实践经验、学识水平等。因此，往往是意见纷纭，争论颇多。本书对 $B$ 类不确定度的估计同样只做简化处理。仪器不准确的程度主要用仪器误差来表示，所以因仪器不准确对应的 $B$ 类不确定度为：

$$\sigma_B = \Delta_{仪}$$

$\Delta_{仪}$ 为仪器误差或仪器的基本误差或允许误差或显示数值误差。一般的仪器说明书中都以某种方式注明仪器误差，由制造厂或计量检定部门给定。

## 四、直接测量的不确定度

在对直接测量的不确定度的合成问题中，对 $A$ 类不确定度主要讨论在多次等精度测量条件下，读数分散对应的不确定度，并且用"贝塞尔公式"计算 $A$ 类不确定度。对 $B$ 类不确定度，主要讨论仪器不准确对应的不确定度，将测量结果写成标准形式。因此，实验结果的获得，应包括待测量近似真实值的确定，$A$、$B$ 两类不确定度以及合成不确定度的计算。增加重复测量次数对于减小平均值的标准误差、提高测量的精密度有利。但是我们注意到当次数增大时，平均值的标准误差减小渐为缓慢，当次数大于 10 时平均值的减小便不明显了。通常取测量次数为 5～10 为宜。下面通过两个例子加以说明。

【例1】采用感量为 0.1g 的物理天平称量某物体的质量，其读数值为 35.41g，求物体质量的测量结果。

【解】采用物理天平称物体的质量，重复测量读数值往往相同，故一般只需进行单次测量即可。单次测量的读数即为近似真实值，$m = 35.41g$。

物理天平的"示值误差"通常取感量的一半，并且作为仪器误差，即：

$$\sigma_B = \Delta_{仪} = 0.05 \ (g) = \sigma$$

测量结果为：

$$m = 35.41 \pm 0.05 \ (g)$$

在【例1】中，因为是单次测量（$n = 1$），合成不确定度 $\sigma = \sqrt{S_l^2 + \sigma_B^2}$ 中的 $S_l = 0$，所以 $\sigma = \sigma_B$，即单次测量的合成不确定度等于非统计不确定度。但是这个结论并不表明单次测量的 $\sigma$ 就小，因为当 $n=1$ 时，$S_x$ 发散。其随机分布特征是客观存在的，测量次数 $n$ 越大，置信概率就越高，因而测量的平均值就越接近真值。

【例2】用螺旋测微器测量小钢球的直径，五次的测量值分别为：
$$d\ (\text{mm}) = 11.922,\ 11.923,\ 11.922,\ 11.922,\ 11.922$$
螺旋测微器的最小分度数值为 0.01mm，试写出测量结果的标准式。

【解】（1）求直径 $d$ 的算术平均值：
$$\bar{d} = \frac{1}{n}\sum_1^5 d_i = \frac{1}{5}(11.922 + 11.923 + 11.922 + 11.922 + 11.922)$$
$$= 11.922\ (\text{mm})$$

（2）计算 $B$ 类不确定度：

螺旋测微器的仪器误差为 $\Delta_{仪} = 0.005\ (\text{mm})$
$$\sigma_B = \Delta_{仪} = 0.005\ (\text{mm})$$

（3）计算 $A$ 类不确定度：
$$S_d = \sqrt{\frac{\sum_1^5 (d_i - \bar{d})^2}{n-1}}$$
$$= \sqrt{\frac{(11.922-11.922)^2 + (11.923-11.922)^2 + \cdots}{5-1}}$$
$$= 0.0005\ (\text{mm})$$

（4）合成不确定度：
$$\sigma = \sqrt{S_d^2 + \sigma_B^2} = \sqrt{0.0005^2 + 0.005^2}$$
式中，由于 $0.0005 < \frac{1}{3} \times 0.005$，故可略去 $S_d$，于是：
$$\sigma = 0.005\ (\text{mm})$$

（5）测量结果为：
$$d = \bar{d} \pm \sigma = 11.922 \pm 0.005\ (\text{mm})$$

从【例2】中可以看出，当有些不确定度分量的数值很小时，相对而言可以略去不计。在计算合成不确定度中求"方和根"时，若某一平方值小于另一平方值的1/9，则这一项就可以略去不计。这一结论叫做微小误差准则。在进行数据处理时，利用微小误差准则可减少不必要的计算。不确定度的计算结果，一般应保留1位有效数字，多余的位数按有效数字的修约原则进行取舍。评价测量结果，有时候需要引入相对不确定度的概念。相对不确定度定义为：

$$E_\sigma = \frac{\sigma}{\bar{x}} \times 100\%$$

$E_\sigma$ 的结果一般应取两位有效数字。此外，有时候还需要将测量结果的近似真实值 $\bar{x}$ 与公认值 $x_\text{公}$ 进行比较，得到测量结果的百分偏差 $B$。百分偏差定义为：

$$B = \frac{|\bar{x} - x_\text{公}|}{x_\text{公}} \times 100\%$$

百分偏差的结果一般应取两位有效数字。

测量不确定度表达涉及深广的知识领域和误差理论问题，大大超出了本课程的教学范围。同时，有关它的概念、理论和应用规范还在不断地发展和完善。因此，我们在教学中也在进行摸索，以期在保证科学性的前提下，尽量把方法简化，使初学者易于接受。教学重点放在建立必要的概念，有一个初步的基础。以后在工作需要时，可以参考有关文献继续深入学习。

## 第四节　有效数字及其运算法则

物理实验中经常要记录很多测量数据，这些数据应当是能反映出被测量实际大小的全部数字，即有效数字。但是在实验观测、读数、运算与最后得出的结果中，哪些是能反映被测量实际大小的数字应予以保留，哪些不应当保留，与有效数字及其运算法则有关。前面已经指出，测量不可能得到被测量的真实值，只能是近似值。实验数据的记录反映了近似值的大小，并且在某种程度上表明了误差。因此，有效数字是对测量结果的一种准确表示，它应当是有意义的数码，而不允许无意义的数字存在。如果把测量结果写成 54.2817 ± 0.05（cm）是错误的，由不确定度 0.05（cm）可以得知，数据的第二位小数 0.08 已不可靠，把它后面的数字也写出来没有多大意义，正确的写法应当是：54.28 ± 0.05（cm）。测量结果的正确表示，对初学者来说是一个难点，必须加以重视，多次强调，才能逐步形成正确表示测量结果的良好习惯。

### 一、有效数字的概念

任何一个物理量，其测量的结果既然都或多或少存在误差，那么一个物理量的数值就不应当无止境地写下去，写多了没有实际意义，写少了又不能比较真实地表达物理量。因此，一个物理量的数值和数学上的某一个数就有不同的意义，这就引入了一个有效数字的概念。若用最小分度值为 1mm 的米尺测量物体的长度，读数值为 5.63cm，那么其中 5 和 6 这两个数字是从米尺的刻度上准确读出的，可以认为是准确的，叫做可靠数字；末尾数字 3 是在米尺最小分度值的下一位上估计出来的，是不准确的，叫做欠准数。虽然是欠准可疑，但不是无中生有的，而是有根有据有意义的，显然有一位欠准数字，就使测量值更接近真实值，更能反映客观实际。因此，测量值保留到这一位是合理的，即使估计数是 0，也不能舍去。测量结果应当而且也只能保留 1 位欠准数字，故测量数据的有效数字定义为几位可靠数字加上 1 位欠准数字称为有效数字，有效数字的个数叫做有效数字的位数，如上述的 5.63cm 为 3 位有效数字。

有效数字的位数与十进制单位的变换无关，即与小数点的位置无关。因此，用以表示小数点位置的 0 不是有效数字。当 0 不是用作表示小数点位置时，和其他数字具有同等地位，都是有效数字。显然，在有效数字的位数确定时，第一个不为 0 的数字左面的 0 不能算有效数字的位数，而第一个不为 0 的数字右面的 0 一定要算做有效数字的位数。如 0.0135m 是 3 位有效数字，0.0135m 和 1.35cm 及 13.5mm 三者是等效的，只不过是分别采用了米、厘米和毫米作为长度的表示单位；1.030m 是 4 位有效数字。从有效数字也可以看出测量用具的最小刻度值，如 0.0135m 是用最小刻度为毫米的尺子测量的，而 1.030m 是用最小刻度为厘米的尺子测量的。因此，正确掌握有效数字的概念对物理实验来说是十分必要的。

## 二、直接测量的有效数字记录

在物理实验中，仪器上显示的数字通常均为有效数字（包括最后一位估计读数），都应读出并记录下来。仪器上显示的最后一位数字是 0 时，也要读出并记录。对于有分度式的仪表，读数要根据人眼的分辨能力读到最小分度的十分之几。在记录直接测量的有效数字时，常用一种称为标准式的写法，就是任何数值都只写出有效数字，而数量级则用 10 的 $n$ 次幂的形式表示。

（1）根据有效数字的规定，测量值的最末一位一定是欠准确数字，这一位应与仪器误差的位数对齐，仪器误差在哪一位发生，测量数据的欠准位就记录到哪一位，不能多记，也不能少记，即使估计数字是 0，也必须写上，否则与有效数字的规定不相符。例如，用米尺测量物体长为 52.4mm 与 52.40mm 是不同的两个测量值，也是属于不同仪器测量的两个值，误差也不相同，不能将它们等同看待。从这两个值可以看出测量前者的仪器精度低，测量后者的仪器精度高出一个数量级。

（2）根据有效数字的规定，凡是仪器上读出的数值，有效数字中间与末尾的 0，均应算作有效位数。例如，6.003cm，4.100cm 均是 4 位有效数字；在记录数据中，有时因定位需要，而在小数点前添加 0，这不应算作有效位数，如

0.0486m 是 3 位有效数字而不是 4 位有效数字，有效数字中的 0 有时算作有效数字，有时不能算作有效数字，这对初学者也是一个难点，要正确理解有效数字的规定。

（3）根据有效数字的规定，在十进制单位换算中，其测量数据的有效位数不变，如 4.51cm 若以米或毫米为单位，可以表示成 0.0451m 或 45.1mm，这两个数仍然是 3 位有效数字。为了避免单位换算中位数很多时写一长串，或计数时出现错位，常采用科学表达式，通常是在小数点前保留一位整数，用 $10^n$ 表示，如 $4.51 \times 10^2$m，$4.51 \times 10^4$cm 等，这样既简单明了，又便于计算和确定有效数字的位数。

（4）根据有效数字的规定对有效数字进行记录时，直接测量结果的有效位数的多少，取决于被测物本身的大小和所使用的仪器精度。对同一个被测物，高精度的仪器，测量的有效位数多；低精度的仪器，测量的有效位数少。例如，长度约为 3.7cm 的物体，若用最小分度值为 1mm 的米尺测量，其数据为 3.70cm，若用螺旋测微器测量（最小分度值为 0.01mm），其测量值为 3.7000cm，显然螺旋测微器的精度比米尺高很多，所以测量结果的位数也多；被测物是较小的物体，测量结果的有效位数也少。对一个实际测量值，正确应用有效数字的规定进行记录，就可以从测量值的有效数字记录中看出测量仪器的精度。因此，有效数字的记录位数和测量仪器有关。

### 三、有效数字的运算法则

在进行有效数字计算时，参加运算的分量可能很多。各分量数值的大小及有效数字的位数也不相同，而且在运算过程中，有效数字的位数会越乘越多，除不尽时有效数字的位数也无止境。即便是使用计算器，也会遇到中间数的取位问题以及如何更简洁的问题。测量结果的有效数字，只能允许保留 1 位欠准确数字，直接测量是如此，间接测量的计算结果也是如此。根据这一原则，要达到：（1）不因计算而引进误差，影响结果；（2）尽量简洁，不做徒劳的运算。我们简化有效数字的运算，约定下列规则：

（1）加法或减法运算。

478.$\underline{2}$ + 3.46$\underline{2}$ = 481.$\underline{662}$ = 481.$\underline{7}$

49.2$\underline{7}$ − 3.$\underline{4}$ = 45.$\underline{87}$ = 45.$\underline{9}$

大量计算表明，若干个数进行加法或减法运算，其和或者差的结果的欠准确数字的位置与参与运算各个量中的欠准确数字的位置最高者相同。由此得出结论，几个数进行加法或减法运算时，可先将多余数修约，将应保留的欠准确数字的位数多保留 1 位进行运算，最后结果按保留 1 位欠准确数字进行取舍。这样可以减小繁杂的数字计算。

推论 1：若干个直接测量值进行加法或减法计算时，选用精度相同的仪器最为合理。

（2）乘法和除法运算。

$834.\underline{5} \times 23.\underline{9} = 19944.\underline{55} = 1.99 \times 10^4$

$2569.\underline{4} \div 19.\underline{5} = 131.\underline{7641}\cdots = 132$

由此得出结论：用有效数字进行乘法或除法运算时，乘积或商的结果的有效数字的位数与参与运算的各个量中有效数字的位数最少者相同。

推论 2：测量的若干个量，若是进行乘法除法运算，应按照有效位数相同的原则来选择不同精度的仪器。

（3）乘方和开方运算。

$(7.32\underline{5})^2 = 53.66$

$\sqrt{32.\underline{8}} = 5.73$

由此可见，乘方和开方运算的有效数字的位数与其底数的有效数字的位数相同。

（4）自然数 1，2，3，4，…不是测量而得，不存在欠准确数字，因此，可以视为无穷多位有效数字的位数，书写也不必写出后面的 0，如 $D = 2R$，$D$ 的位数仅由直测量 $R$ 的位数决定。

（5）无理常数 $\pi$，$\sqrt{2}$，$\sqrt{3}$，…的位数也可以看成很多位有效数字。例如 $L = 2\pi R$，若测量值 $R = 2.35 \times 10^{-2}$（m）时，$\pi$ 应取为 3.142。则：$L = 2 \times 3.142 \times 2.35 \times 10^{-2} = 1.48 \times 10^{-1}$（m）。

（6）有效数字的修约。根据有效数字的运算规则，为使计算简化，在不影响最后结果应保留有效数字的位数（或欠准确数字的位置）的前提下，可以在运算前后对数据进行修约，其修约原则是"四舍六入五看右左"。五看右左即为五时则看五后面若为非零的数则入，若为零则往左看拟留数的末位数为奇数则入，为偶数则舍。中间运算过程较结果要多保留一位有效数字。

## 第五节　数 据 处 理

物理实验中测量得到的许多数据需要处理后才能表示测量的最终结果。用简明而严格的方法把实验数据所代表的事物内在规律性提炼出来就是数据处理。数据处理是指从获得数据起到得出结果为止的加工过程。数据处理包括记录、整理、计算、分析、拟合等多种处理方法，本部分主要介绍列表法、作图法、图解法、最小二乘法和微机法。

## 一、列表法

列表法是记录数据的基本方法。欲使实验结果一目了然，避免混乱，避免丢失数据，便于查对，使用列表法是记录的最好方法。列表法的优点有：将数据中的自变量、因变量的各个数值一一对应排列出来，能简单明了地表示出有关物理量之间的关系；能检查测量结果是否合理，及时发现问题；有助于找出有关量之间的联系和建立经验公式。设计记录表格的要求如下：

（1）列表要简单明了，利于记录、运算处理数据和检查处理结果，便于一目了然地看出有关量之间的关系。

（2）列表要标明符号所代表的物理量的意义。表中各栏中的物理量都要用符号标明，并写出数据所代表物理量的单位及交代清楚量值的数量级。单位写在符号标题栏，不要重复记在各个数值上。

（3）列表的形式不限，根据具体情况，决定列出哪些项目。有些个别与其他项目联系不大的数可以不列入表内。除原始数据外，计算过程中的一些中间结果和最后结果也可以列入表中。

（4）表格记录的测量值和测量偏差，应正确反映所用仪器的精度，即正确反映测量结果的有效数字。一般记录表格还有序号和名称。

例如，要求测量圆柱体的体积，圆柱体高 $H$ 和直径 $D$ 的记录如表1所示：

**表1**　　　　　　　　　　测柱体高 $H$ 和直径 $D$ 记录表

| 测量次数 $i$ | $H_i$（mm） | $\Delta H_i$（mm） | $D_i$（mm） | $\Delta D_i$（mm） |
|---|---|---|---|---|
| 1 | 35.32 | − 0.006 | 8.135 | 0.0003 |
| 2 | 35.30 | − 0.026 | 8.137 | 0.0023 |
| 3 | 35.32 | − 0.006 | 8.136 | 0.0013 |
| 4 | 35.34 | 0.014 | 8.133 | − 0.0017 |
| 5 | 35.30 | − 0.026 | 8.132 | − 0.0027 |
| 6 | 35.34 | 0.014 | 8.135 | 0.0003 |
| 7 | 35.38 | 0.054 | 8.134 | − 0.0007 |
| 8 | 35.30 | − 0.026 | 8.136 | 0.0013 |
| 9 | 35.34 | 0.014 | 8.135 | 0.0003 |

| 测量次数 $i$ | $H_i$（mm） | $\Delta H_i$（mm） | $D_i$（mm） | $\Delta D_i$（mm） |
|---|---|---|---|---|
| 10 | 35.32 | −0.006 | 8.134 | −0.0007 |
| 平均 | 35.33 | | 8.135 | |

注：$\Delta H_i$ 是测量值 $H_i$ 的偏差，$\Delta D_i$ 是测量值 $D_i$ 的偏差；测 $H_i$ 是用精度为 0.02mm 的游标卡尺，仪器误差为 $\Delta_{仪}=0.02$mm；测 $D_i$ 是用精度为 0.01mm 的螺旋测微器，其仪器误差 $\Delta_{仪}=0.005$mm。

由表 1 中所列数据可计算出高、直径和圆柱体体积测量结果（近真值和合成不确定度）：

$$H = 35.33 \pm 0.02 \ （\text{mm}）$$
$$D = 8.135 \pm 0.005 \ （\text{mm}）$$
$$V = (1.836 \pm 0.003) \times 10^3 \ （\text{mm}^3）$$

## 二、作图法

用作图法处理实验数据是数据处理的常用方法之一，它能直观地显示物理量之间的对应关系，揭示物理量之间的联系。作图法是在现有的坐标纸上用图形描述各物理量之间的关系，将实验数据用几何图形表示出来。作图法的优点是直观、形象，便于比较研究实验结果、求出某些物理量、建立关系式等。为了能够清楚地反映出物理现象的变化规律，并能比较准确地确定有关物理量的量值或求出有关常数，在使用作图法要注意以下几点：

（1）作图一定要用坐标纸。当决定了作图的参量以后，要根据函数关系选用坐标纸，坐标纸的类型有直角坐标纸、单对数坐标纸、双对数坐标纸、极坐标纸等，本书主要采用直角坐标纸。

（2）坐标纸的大小及坐标轴的比例应当根据所测得的有效数字和结果的需要来确定，原则上数据中的可靠数字在图中应当标出。数据中的欠准数在图中应当是估计的，要适当选择 $X$ 轴和 $Y$ 轴的比例和坐标比例，使所绘制的图形充分占用图纸空间，不要缩在一边或一角；坐标轴比例的选取一般间隔 1、2、5、10 等以便于读数或计算，除特殊需要外，数值的起点一般不必从零开始，$X$ 轴和 $Y$ 轴可以采用不同的比例，使做出的图形大体上能充满整个坐标纸，图形布局美观、合理。

（3）标明坐标轴。直角坐标系中一般是自变量为横轴，因变量为纵轴，采用粗实线描出坐标轴，并用箭头表示出方向，注明所示物理量的名称、单位。坐标轴上表明所用测量仪器的最小分度值，并要注意有效位数。

（4）描点。根据测量数据，用直尺和笔尖使其函数对应的实验点准确地落在相应的位置，一张图纸上画几条实验曲线时，每条图线应用不同的标记，如用"×""。""Δ"等符号标出，以免混淆。

（5）连线。根据不同函数关系对应的实验数据点分布，把点连成直线或光滑的曲线或折线，连线必须用直尺或曲线板，如校准曲线中的数据点必须连成折线。由于每个实验数据都有一定的误差，所以将实验数据点连成直线或光滑曲线时，绘制的图线不一定通过所有的点，而是使数据点均匀分布在图线的两侧，尽可能使直线两侧所有点到直线的距离之和最小并且接近相等，有个别偏离很大的点应当应用异常数据的剔除中介绍的方法进行分析后决定是否舍去，原始数据点应保留在图中。在确信两物理量之间的关系是线性的或所绘的实验点都在某一直线附近时，将实验点连成一条直线。

（6）写图名。作完图后，在图纸下方或空白的明显位置处，写上图的名称、作者和作图日期，有时还要附上简单的说明，如实验条件等，使读者一目了然。作图时，一般将纵轴代表的物理量写在前面，横轴代表的物理量写在后面，中间用"~"连接。

（7）最后将图纸贴在实验报告的适当位置，便于教师批阅实验报告。

### 三、最小二乘法求经验方程

虽然作图法在数据处理中是一个很便利的方法，但在图线的绘制上往往带有较大的任意性，所得的结果也常常因人而异，而且很难对它做进一步的误差分析。为了克服这些缺点，人们在数理统计中研究了直线的拟合问题，常用一种以最小二乘法为基础的实验数据处理方法。由于某些曲线型的函数可以通过适当的数学变换而改写成直线方程，这一方法也适用于某些曲线型的规律。下面就数据处理中的最小二乘法原理做简单介绍。

求经验公式可以从实验的数据求经验方程，这被称为方程的回归问题。方程的回归首先要确定函数的形式，一般要根据理论的推断或从实验数据变化的趋势推测出来。

如果推断出物理量 $y$ 和 $x$ 之间的关系是线性关系，则函数的形式可写为：

$$y = B_0 + B_1 x$$

如果推断出二者是指数关系，则写为：

$$y = C_1 e^{C_2 x} + C_3$$

如果不能清楚地判断出函数的形式，则可用多项式来表示：

$$y = B_0 + B_1 x + B_2 x_2 + \cdots + B_n x_n$$

上面 3 个公式中的 $B_0$，$B_1$，…，$B_n$，$C_1$，$C_2$，$C_3$ 等均为参数。我们可以认为，方程的回归问题就是用实验的数据来求出方程的待定参数。

用最小二乘法处理实验数据，可以求出上述待定参数。设 $y$ 是变量 $x_1$，$x_2$，…的函数，有 $m$ 个待定参数 $C_1$，$C_2$，…，$C_m$，即

$$y = f(C_1，C_2，\cdots，C_m；x_1，x_2，\cdots)$$

对各个自变量 $x_1$，$x_2$，…和对应的因变量 $y$ 做 $n$ 次观测得（$x_{1i}$，$x_{2i}$，…，$y_i$）（$i = 1，2，\cdots，n$）。

于是 $y$ 的观测值 $y_i$ 与由方程所得计算值 $y_0$ 的偏差为（$y_i - y_0$）（$i = 1，2，\cdots，n$）。

所谓最小二乘法，就是要求上面的 $n$ 个偏差在平方和最小的意义下，使得函数 $y = f(C_1，C_2，\cdots，C_m；x_1，x_2，\cdots)$ 与观测值 $y_1$，$y_2$，…，$y_n$ 最佳拟合，也就是参数应使：

$$Q = \sum_{i=1}^{n} [y_i - f(C_1，C_2，\cdots，C_m，x_1，x_2，\cdots)]^2 = 最小值$$

由微分学的求极值方法可知，$C_1$，$C_2$，…，$C_m$ 应满足下列方程组：

$$\frac{\partial Q}{\partial C_i} = 0 \quad (i = 1，2，\cdots，n)$$

下面从一个最简单的情况来看怎样用最小二乘法确定参数。设已知函数形式为：

$$y = A + Bx$$

这是一元线性回归方程，由实验测得自变量 $x$ 与因变量 $y$ 的数据为：

$$x = x_1，x_2，\cdots，x_n$$
$$y = y_1，y_2，\cdots，y_n$$

根据最小二乘法，$a$、$b$ 应使：

$$Q = \sum_{i=1}^{n} [y_i - (a + bx_i)]^2 = 最小值$$

$Q$ 对 $a$ 和 $b$ 求偏微商应等于零，即：

$$\begin{cases} \dfrac{\partial Q}{\partial a} = -2 \sum_{i=1}^{n} [y_i - (a + bx_i)] = 0 \\[2mm] \dfrac{\partial Q}{\partial b} = -2 \sum_{i=1}^{n} [y_i - (a + bx_i)]x_i = 0 \end{cases} \tag{1}$$

由式（1）得：

$$\bar{y} - a - b\bar{x} = 0$$
$$\overline{xy} - a\bar{x} - b\overline{x^2} = 0 \tag{2}$$

式（2）中 $\bar{x}$ 表示 $x$ 的平均值，即：$\bar{x} = \dfrac{1}{n} \sum\limits_{i=1}^{n} x_i$

$\bar{y}$ 表示 $y$ 的平均值，即：$\bar{y} = \dfrac{1}{n} \sum\limits_{i=1}^{n} y_i$

$\overline{x^2}$ 表示 $x^2$ 的平均值，即：$\overline{x^2} = \dfrac{1}{n} \sum\limits_{i=1}^{n} x_i^2$         (3)

$\overline{xy}$ 表示 $xy$ 的平均值，即：$\overline{xy} = \dfrac{1}{n} \sum\limits_{i=1}^{n} x_i y_i$

解方程（1）得：       $b = \dfrac{\bar{x}\bar{y} - \overline{xy}}{\bar{x}^2 - \overline{x^2}}$         (4)

$$a = \bar{y} - b\bar{x} \qquad\qquad (5)$$

必须指出，实验中只有当 $x$ 和 $y$ 之间存在线性关系时，拟合的直线才有意义。在待定参数确定以后，为了判断所得的结果是否有意义，在数学上引进一个叫相关系数的量。通过计算相关系数 $r$ 的大小，才能确定所拟合的直线是否有意义。对于一元线性回归，$r$ 定义为：

$$r = \dfrac{\overline{xy} - \bar{x}\bar{y}}{\sqrt{\left(\overline{x^2} - \bar{x}^2\right)\left(\overline{y^2} - \bar{y}^2\right)}}$$

可以证明，$|r|$ 的值是在 0 和 1 之间。$|r|$ 接近于 1，说明实验数据能密集在求得的直线的近旁，用线性函数进行回归比较合理。相反，如果 $|r|$ 值远小于 1 而接近于零，说明实验数据对求得的直线很分散，即用线性回归不妥当，必须用其他函数重新试探。至于 $|r|$ 的起码值（当 $|r|$ 大于起码值，回归的线性方程才有意义），与实验观测次数 $n$ 和置信度有关，可查阅有关手册。

# 习　题

1. 如何才能减小测量的误差？

2. 误差和不确定度的区别与联系？

3. 6 次测量小球的直径分别为：5.263mm、5.260mm、5.300mm、5.278mm、5.282mm、5.288mm，求小球直径的半径的平均绝对误差和平均相对误差。若测量仪器的仪器不确定度为 0.005mm，请求出不确定度，并写出测量的标准表达式。

4. 根据有效数字运算规则计算下列各式：

(1) $97.652 + 1.4 = $ _____。

(2) $112.50 - 2.5 = $ _____。

(3) $333 \times 0.200 = $ _____。

(4) $89.000 \div (38.00 - 2.0) = $ _____。

# 第二部分 实验项目

## 实验一 长度测量

**【知识准备】**

1. 测量的概念，测量仪器的精密度。

2. 不确定度的估算方法。

**【实验目的】**

1. 掌握游标卡尺及螺旋测微器的原理和使用方法。

2. 掌握等精度测量中不确定度的估算方法和有效数字的基本运算。

**【实验仪器】**

直尺、游标卡尺、螺旋测微器、待测量的小工件。

**【实验原理】**

1. 游标卡尺。

（1）原理。游标刻度尺上一共有 $m$ 分格，而 $m$ 分格的总长度和主刻度尺上的 $(m-1)$ 分格的总长度相等。设主刻度尺上每个等分格的长度为 $y$，游标刻度尺上每个等分格的长度为 $x$，则有：

$$mx = (m-1)y \tag{1}$$

主刻度尺与游标刻度尺每个分格之差 $y-x=y/m$ 为游标卡尺的最小读数值，即最小刻度的分度数值。

（2）读数。游标卡尺的读数表示的是主刻度尺的 0 线与游标刻度尺的 0 线之间的距离。读数可分为两部分：首先，从游标刻度上 0 线的位置读出整数部分（毫米位）；其次，根据游标刻度尺上与主刻度尺对齐的刻度线读出不足毫米分格的小数部分，二者相加就是测量值。以 10 分度的游标卡尺为例，如图 1 所示。毫米以上的整数部分直接从主刻度尺上读出为 21mm。读毫米以下的小数部分时应仔细寻找游标刻度尺上哪一根刻度线与主刻度尺上的刻度线对得最整齐，对得最整齐的那根刻度线表示的数值就是我们要找的小数部分。若图中是第 6 根刻度线和主刻度尺上的刻度线对得最整齐，应该读作 0.6mm。所测工件的读数值为 $21+0.6=21.6$（mm）。如果是第 4 根刻度线和主刻度尺上的刻度线对得最整齐，那么读数就是 21.4mm。

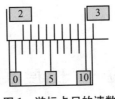

图 1　游标卡尺的读数

2. 螺旋测微器。

（1）原理。螺旋测微器内部螺旋的螺距为 0.5mm，因此副刻度尺（微分筒）每旋转一周，螺旋测微器内部的测微螺丝杆和副刻度尺同时前进或后退 0.5mm，而螺旋测微器内部的测微螺丝杆套筒每旋转一格，测微螺丝杆沿着轴线方向前进 0.01mm，0.01mm 即为螺旋测微器的最小分度数值。在读数时可估计到最小分度的 1/10，即 0.001mm，故螺旋测微器又称为千分尺。

（2）读数。读数可分两步：首先，观察固定标尺读数准线（即微分筒前沿）所在的位置，可以从固定标尺上读出整数部分，每格 0.5mm，即可读到半毫米；其次，以固定标尺的刻度线为读数准线，读出 0.5mm 以下的数值，估计读数到最小分度的 1/10，然后两者相加。

如图 2（a）所示，整数部分是 5.5mm（因固定标尺的读数准线已超过了1/2刻度线，所以是 5.5mm），副刻度尺上的圆周刻度是 20 的刻线正好与读数准线对齐，即 0.200mm。所以，其读数值为 $5.5+0.200=5.700$mm。如图 2（b）所示，整数部分（主尺部分）是 5mm，而圆周刻度是 20.9，即 0.209mm，其读数值为 $5+0.209=5.209$（mm）。

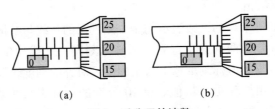

(a)　　　　　　　　(b)

图 2　千分尺的读数

【实验内容和步骤】

1. 用直尺测量圆柱体的高 $h$，测量重复 5 次。

2. 用游标卡尺测量圆柱体的高 $h$、直径 $D$，测量重复 5 次。

3. 用螺旋测微器测量钢丝、小钢球的直径 $d$，测量重复 5 次。

4. 自拟表格记录数据。

【数据及处理】

1. 利用直接测量的不确定度公式计算不确定度，所有测量结果用标准式表示。

2. 利用游标卡尺测量的结果计算圆柱体的体积 $V$，并利用间接测量的不确定度公式计算体积的不确定度，所得结果用标准式表示。

【注意事项】

1. 游标卡尺使用注意事项。

（1）使用前，应先将卡口合拢，检查游标尺的 0 线和主刻度尺的 0 线是否对齐。若对不齐说明卡口有零误差，应记下零点读数，用以修正测量值。

（2）推动游标刻度尺时不要用力过猛，卡住被测物体时松紧应适当，卡住物体后不能再移动物体，以防卡口受损。

（3）用完后两卡口要留有间隙，将其放入包装盒内。

2. 螺旋测微器使用注意事项。

经过使用后的螺旋测微器 0 点一般对不齐，而是显示某一读数，因此使用时要注意有无零点误差，且要分清是正误差还是负误差。如果零点误差用 $\delta_0$ 表示，测量待测物的读数是 $d$。此时，待测量物体的实际长度为 $d' = d - \delta_0$，$\delta_0$ 可正可负。

在图 3（a）中 $\delta_0 = -0.006\,\mathrm{mm}$，$d' = d - \delta_0 = d - (-0.006) = d + 0.006$（mm）。

在图 3（b）中 $\delta_0 = +0.008\,\mathrm{mm}$，$d' = d - \delta_0 = d - 0.008$（mm）。

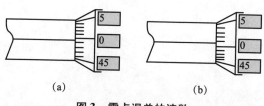

(a)　　　　　　　　(b)

图 3　零点误差的读数

**【问题与反思】**

1. 何谓仪器的分度数值？米尺、20 分度游标卡尺和螺旋测微器的分度数值各为多少？测量结果的有效数字各为多少？

2. 游标刻度尺上 30 个分格与主刻度尺 29 个分格等长，问这种游标尺的分度数值为多少？

# 实验二　牛顿第二定律的验证

【知识准备】
1. 平均速度、瞬时速度、平均加速度及瞬时加速度的定义。
2. 牛顿运动定律。

【实验目的】
1. 学习气垫导轨和数字毫秒计的正确使用。
2. 掌握在气垫导轨上测量平均速度、瞬时速度和加速度的方法。
3. 验证牛顿第二定律。

【实验仪器】
气垫导轨及配件、数字毫秒计。

【实验原理】
在滑块上装一挡光板，当滑块经过光电门时，挡光板将遮住照在光敏管上的光束，因为挡光板宽度一定，遮光时间的长短与滑块通过光电门的速度成反比，测出挡光板的宽度 $\Delta L$ 和遮光时间 $\Delta t$，则滑块通过光电门的平均速度为：

$$v = \frac{\Delta L}{\Delta t} \tag{1}$$

若 $\Delta L$ 很小，则在 $\Delta L$ 范围内滑块的速度变化也很小，故可以把平均速度看成是滑块经过光电门的瞬时速度。$\Delta L$ 越小，则平均速度越准确地反映该位置上滑块的瞬时速度。

若滑块在水平方向受一恒力作用，滑块将做匀加速直线运动，分别测出滑块通过相距 $S$ 的 2 个光电门的始末速度 $v_1$ 和 $v_2$，则滑块的加速度：

$$a = \frac{v_2^2 - v_1^2}{2S} \tag{2}$$

如图 1 所示，水平气轨上质量为 $M$ 的滑块 $A$，用细绳通过轻滑轮 $B$ 与砝码 $C$ 相连，在忽略各摩擦力，不计线的质量，线不可伸长的条件下，对于滑块 $A$，根据牛顿第二定律有：

$$T = Ma \tag{3}$$

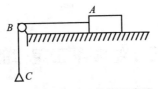

**图1 滑块和砖码连接示意图**

式中 $T$ 为绳子的张力，对于质量为 $m$ 的砖码，根据牛顿第二定律有：

$$mg - T = ma \tag{4}$$

由式（3）和式（4）得：

$$mg = (M + m)a \tag{5}$$

式（5）表明，当系统总质量保持不变时，加速度与合外力成正比，当合外力保持恒定时，加速度与系统总重量成反比，若实验证明了式（5）成立，即验证了牛顿第二定律。

1. 保持系统总质量 $M + m$ 不变，研究外力与加速度的关系。

由式（5）得：

$$m = \frac{M + m}{g}a = k_1 a \tag{6}$$

实验可测得对应于不同的 $m$ 的加速度 $a$，以 $m$ 为纵坐标，$a$ 为横坐标做关系曲线，若各实验点的连线为一条过坐标原点的直线，且该直线的斜率 $b = k_1 = \frac{M + m}{g}$，则式（6）成立。

2. 保持外力 $mg$ 不变，研究系统总质量与加速度的关系。

由式（5）得：

$$(M + m) = mg \frac{1}{a} = k_2 \frac{1}{a} \tag{7}$$

实验可得对应于不同 $M$ 的加速度 $a$，以 $(M + m)$ 为纵坐标，$\frac{1}{a}$ 为横坐标，做其关系曲线，若各实验点的连线为一条过坐标原点的直线，且该直线的斜率为 $b = k_2 = mg$，则式（7）成立。

**【实验内容和步骤】**

1. 保持系统总质量 $M + m$ 不变，研究外力与加速度的关系。

（1）启动气源，用酒精棉擦拭导轨表面及滑块内表面。

（2）仔细调节导轨使其呈水平状态。

（3）在装有挡光板的滑块上，放 5 个砖码，并将砖码盘用细绳绕过定滑轮系到滑块上，将滑块置于远离滑轮的另一端的某一个固定位置，待砝码盘不动后释放滑块，使其由静止开始做匀加速运动，分别记下滑块经过 2 个光电门的时间 $\Delta t_1$ 和 $\Delta t_2$，测量重复 3 次。

（4）从滑块上取下一个砝码放在砝码盘中，这样既改变了力的大小，又保证了系统总质量不变。由同一个固定位置释放，测出滑块经过 2 个光电门的时间 $\Delta t_1$ 和 $\Delta t_2$，测量重复 3 次。

（5）重复上述步骤，每次从滑块上取下一个砝码放入砝码盘中。各数据均填入表 1 中。

**表 1　　　　　　　　　外力与加速度关系的测量数据**

$M + m =$ _____ g　$\Delta L =$ _____ cm　$S =$ _____ cm

| $m$（g） | $\dfrac{\Delta t_1（\text{s}）}{123\ \text{平均}}$ | $\dfrac{\Delta t_2（\text{s}）}{123\ \text{平均}}$ | $v_1$（cm·s$^{-1}$） | $v_2$（cm·s$^{-1}$） | $a$（cm·s$^{-1}$） |
|---|---|---|---|---|---|
| 5.00 | | | | | |
| 10.00 | | | | | |
| 15.00 | | | | | |
| 20.00 | | | | | |
| 25.00 | | | | | |

2. 保持外力不变，研究系统总质量与加速度的关系。

（1）重新检查导轨，使之为水平状态。

（2）在滑块上放置 5 块铁块，将装有砝码的砝码盘绕过定滑轮系到滑块上，用实验内容及步骤 1 的方法测出滑块通过 2 个光电门的时间 $\Delta t_1$ 和 $\Delta t_2$，测量重复 3 次。

（3）重复上述步骤，每次从滑块上取走一块铁块，测量对应于不同质量的系统时，滑块经过 2 个光电门的时间 $\Delta t_1$ 和 $\Delta t_2$，测量重复 3 次，数据填入表 2 中。

**表 2**　　　　　　　　　　**质量与加速度关系的测量数据**

$M + m =$ _____ g　$\Delta L =$ _____ cm　$S =$ _____ cm

| $(M+m)$ (g) | $\dfrac{\Delta t_1 \ \text{(s)}}{123 \ \text{平均}}$ | $\dfrac{\Delta t_2 \ \text{(s)}}{123 \ \text{平均}}$ | $v_1$ (cm·s$^{-1}$) | $v_2$ (cm·s$^{-1}$) | $a$ (cm·s$^{-2}$) | $a^{-1}$ (s$^2$·cm$^{-1}$) |
|---|---|---|---|---|---|---|
| | | | | | | |
| | | | | | | |
| | | | | | | |
| | | | | | | |
| | | | | | | |

**【数据及处理】**

1. 研究外力和加速度的关系。

以 $m$ 为纵坐标，$a$ 为横坐标，在直角坐标系上做出 $m - a$ 关系曲线，从图线求出其斜率 $b$，将 $b$ 与 $(M + m)/g$ 比较，求百分偏差。

$$\frac{b - \dfrac{M + m}{g}}{\dfrac{M + m}{g}} = \underline{\qquad}\%$$

2. 研究系统质量和加速度的关系。

以 $M + m$ 为纵坐标，$1/a$ 为横坐标，做 $M + m - 1/a$ 关系曲线，从图线求出其斜率 $b$，将 $b$ 与 $mg$ 比较，求百分偏差。

$$\frac{b - mg}{mg} = \underline{\qquad}\%$$

**【注意事项】**

1. 调节导轨水平的程度是做好实验的关键。当导轨水平时，滑块在水平方向上所受的合外力为零，此时滑块静止或做匀速直线运动，如轻轻推一下滑块，则滑块从一端向另一端运动时先后通过 2 个光电门的时间应相等。由于空气阻力等因素的存在，当滑块经过 2 个光电门的时间相差不超过 1% 时可视为导轨已调水平。

2. 滑块的速度 $v = \dfrac{\Delta L}{\Delta t}$ 是滑块在距离 $\Delta L$ 内的平均速度。对于匀速直线运动，因速度处处相等，平均速度就是任意位置的瞬时速度；对于匀加速直线运动，只有当 $\Delta L \to 0 (t \to 0)$ 时，才是该位置的瞬时速度，因此，在匀加速直线运动时，必须使挡光板的宽度或两次挡光间的距离尽量小，所测出的速度才能代替瞬时速度。

【问题与反思】

1. 本实验对每个量的测定，怎样才能使误差更小些？
2. 实验中如果导轨未调平，对验证牛顿第二定律有何影响？

# 实验三　单摆法测重力加速度

## 【知识准备】

1. 机械能守恒定律。
2. 描点法处理数据。

## 【实验目的】

1. 测量摆角与周期之间的关系，作 $2T - \sin^2(\theta/2)$ 关系图，求出重力加速度 $g$。
2. 验证摆长与周期之间的关系，求出重力加速度 $g$。

## 【实验仪器】

FD – DB – II 新型单摆实验仪。

## 【仪器简介】

仪器由单摆、光电门和数字毫秒计时器组成。图 1 为仪器示意图。

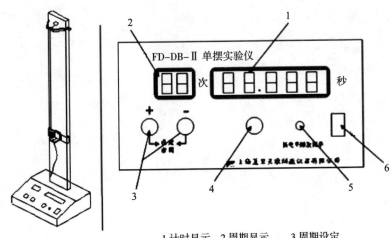

1. 计时显示　2. 周期显示　3. 周期设定
4. 复位　5. 低电平指示　6. 电源开关

**图 1　FD – DB – II 新型单摆实验仪示意图**

## 【实验原理】

如果在一固定点上悬挂一根不能伸长且无质量的线，并在线的末端悬一质量

为 $m$ 的质点，这就构成一个单摆。

1. 周期与摆角的关系。

在忽略空气阻力和浮力的情况下，由单摆振动时能量守恒，可以得到质量为 $m$ 的小球在摆角为 $\theta$ 处动能和势能之和为常量，即：

$$\frac{1}{2}mL^2\left(\frac{\mathrm{d}\theta}{\mathrm{d}t}\right)^2 + mgL(1-\cos\theta) = E_0 \tag{1}$$

式（1）中，$L$ 为单摆摆长，$\theta$ 为摆角，$g$ 为重力加速度，$t$ 为时间，$E_0$ 为小球的总机械能。因为小球在摆幅为 $\theta_m$ 处释放，则有：

$$E_0 = mgL(1-\cos\theta_m)$$

代入式（1），解方程得到：

$$\frac{\sqrt{2}}{4}T = \sqrt{\frac{L}{g}}\int_0^{\theta_m}\frac{\mathrm{d}\theta}{\sqrt{\cos\theta-\cos\theta_m}} \tag{2}$$

式（2）中 $T$ 为单摆的振动周期。

令 $k=\sin(\theta_m/2)$，并做变换 $\sin(\theta/2)=k\sin\varphi$ 有：

$$T = 4\sqrt{\frac{L}{g}}\int_0^{\pi/2}\frac{\mathrm{d}\varphi}{\sqrt{1-k^2\sin^2\varphi}}$$

这是椭圆积分，经近似计算可得到：

$$T = 2\pi\sqrt{\frac{L}{g}}\left[1+\frac{1}{4}\sin^2\left(\frac{\theta_m}{2}\right)+\cdots\right] \tag{3}$$

在传统的手控计时方法下，单次测量周期的误差可达 $0.1\sim0.2\mathrm{s}$，而多次测量又面临空气阻尼使摆角衰减的情况，因而式（3）只能考虑到一级近似，不得不将 $\frac{1}{4}\sin^2\left(\frac{\theta_m}{2}\right)$ 项忽略。但是，当单摆振动周期可以精确测量时，必须考虑摆角对周期的影响，即用二级近似公式。本实验采用二级近似公式。由公式测出不同的 $\theta_m$ 所对应的二倍周期 $2T$，作出 $2T-\sin^2\left(\frac{\theta_m}{2}\right)$ 图，并对图线外推，从截距 $2T$ 得到周期 $T$，进一步可以得到重力加速度 $g$。

2. 周期与摆长的关系。

当摆角 $\theta_m$ 很小时（小于 $3°$），单摆的振动周期 $T$ 和摆长 $L$ 有如下近似关系：

$$T = 2\pi\sqrt{\frac{L}{g}} \quad \text{或} \quad T^2 = 4\pi^2\frac{L}{g} \tag{4}$$

当然，这种理想的单摆实际上是不存在的，因为悬线是有质量的，实验中又采用了半径为 $r$ 的金属小球来代替质点。所以，只有当小球质量远大于悬线的质量，而它的半径又远小于悬线长度时，才能将小球作为质点来处理，并可用式（4）进行计算。但此时必须将悬挂点与球心之间的距离作为摆长，即 $L = L_1 + r$，其中 $L_1$ 为线长。如固定摆长 $L$，测出相应的振动周期 $T$，即可由式（4）求 $g$。可逐次改变摆长 $L$，测量各相应的周期 $T$，再求出 $T^2$，最后在坐标纸上作 $T^2 - L$ 图。如果图是一条直线，说明 $T^2$ 与 $L$ 成正比关系。在直线上选取二点 $P_1(L_1, T_1^2)$，$P_2(L_2, T_2^2)$，由二点式求得斜率 $k = \dfrac{T_2^2 - T_1^2}{L_2 - L_1}$，再从 $k = \dfrac{4\pi^2}{g}$ 求得重力加速度，即：

$$g = 4\pi^2 \frac{L_2 - L_1}{T_2^2 - T_1^2}$$

【实验内容和步骤】

1. 固定摆长，改变摆角求得 $g$。

选取固定摆长。分别测得摆线长度 $L_1$，摆球直径 $2L_2$ 及总的摆长 $L = L_1 + L_2$。摆角可以从摆线长 $L_1$ 和悬线下端点离中心位置的水平距离 $x$ 求得。选取 6 组 $x$，分别算出相对应的 $\sin^2(\theta_m/2)$，测出 6 组不同 $x$ 时对应的 $2T$。作 $2T - \mathrm{Sin}^2(\theta/2)$ 关系图，求出重力加速度 $g$。

2. 摆角 $\theta < 3°$，改变摆长求得 $g$。

在满足摆角小于 3°的情况下，改变 6 组摆长 $L$，测得相应的周期，算出相应的 $T^2$，作 $T^2 - L$ 的图，并对数据点进行直线拟合，求得 $g$ 值。

【数据及处理】

1. 固定摆长，改变摆角求得 $g$：实验中测得特定摆长下 $2T$，完成表 1。

表 1　　　　　　　　　　　　周期随角度的变化关系

| $x$（cm） | $\sin^2(\theta_m/2)$ | $2T/s$ | | | | | |
|---|---|---|---|---|---|---|---|
| | | 第 1 次 | 第 2 次 | 第 3 次 | 第 4 次 | 第 5 次 | 平均值 |
| | | | | | | | |
| | | | | | | | |
| | | | | | | | |
| | | | | | | | |
| | | | | | | | |
| | | | | | | | |

由表 1 数据作 $2T - \sin^2(\theta_m/2)$ 图，并进行直线拟合，求得 $g$ 值。

2. 摆角 $\theta < 3°$，改变摆长求得 $g$ 完成表2。

表2                              周期随摆长的变化关系

| L（m） | T/s | | | | | | |
| --- | --- | --- | --- | --- | --- | --- | --- |
| | 第1次 | 第2次 | 第3次 | 第4次 | 第5次 | 平均值 | $T^2$ |
| | | | | | | | |
| | | | | | | | |
| | | | | | | | |
| | | | | | | | |

由表2数据作 $T^2 - L$ 图，并进行直线拟合，求得 $g$ 值。

【注意事项】

摆球摆动时要使之保持在同一个竖直平面内，不要形成圆锥摆。小球与光电门要保持合适的距离。

【问题与反思】

1. 为什么测量周期时要在摆球通过平衡位置的时候开始计时，而不是摆球摆到最大摆角的位置开始计时？

2. 本实验所用实验设备有哪些可以改进之处？

# 实验四　用三线摆法测定物体的转动惯量

## 【知识准备】
1. 刚体的概念。
2. 刚体转动惯量的概念。

## 【实验目的】
1. 学会用三线摆测定刚体的转动惯量。
2. 学会用累积放大法测量周期运动的周期。

## 【实验仪器】
FB210A 型三线摆（扭摆）组合实验仪、FB213 型数显计时计数毫秒仪、米尺、游标卡尺、电子天平等。

## 【仪器简介】
图 1 是实验装置 FB210A 型三线摆（扭摆）组合实验仪的示意图。上、下圆盘均处于水平，悬挂在横梁上。三个对称分布的等长悬线将两圆盘相连。上圆盘固定，下圆盘可绕中心轴做扭摆运动。仪器右下部分装置为光电接收装置，与 FB213 型数显计时计数毫秒仪连接。

**图 1　FB210A 型三线摆（扭摆）组合实验仪**

**【实验原理】**

当下盘转动角度很小，且略去空气阻力时，扭摆的运动可近似看作简谐运动。根据能量守恒定律和刚体转动定律均可以导出物体绕中心轴 $OO'$ 的转动惯量。

$$I_0 = \frac{m_0 g R r}{4\pi^2 H_0} T_0^2 \tag{1}$$

式（1）中各物理量的意义如下：$m_0$ 为下盘的质量；$r$、$R$ 分别为上下悬点离各自圆盘中心的距离；$H_0$ 为平衡时上下盘间的垂直距离；$T_0$ 为下盘作简谐运动的周期，$g$ 为重力加速度。

将质量为 $m$ 的待测物体放在下盘上，并使待测刚体的转轴与 $OO'$ 轴重合。测出此时三线摆运动周期 $T_1$ 和上下圆盘间的垂直距离 $H$。同理可求得待测刚体和下圆盘对中心转轴 $OO'$ 轴的总转动惯量为：

$$I_1 = \frac{(m_0 + m) g R r}{4\pi^2 H} T_1^2 \tag{2}$$

如不计因重量变化而引起悬线伸长，则有 $H \approx H_0$。那么，待测物体绕中心轴的转动惯量为：

$$I = I_1 - I_0 = \frac{gRr}{4\pi^2 H}\left[(m + m_0) T_1^2 - m_0 T_0^2\right] \tag{3}$$

因此，通过长度、质量和时间的测量，便可求出刚体绕某轴的转动惯量。

用三线摆法还可以验证平行轴定理。若质量为 $m$ 的物体绕通过其质心轴的转动惯量为 $I_c$，当转轴平行移动距离 $x$ 时（见图2），则此物体对新轴 $OO'$ 的转动惯量为 $I_{oo'} = I_c + mx^2$。这一结论称为转动惯量的平行轴定理。

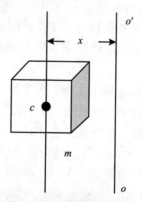

**图2　平行轴定理示意图**

实验时将质量均为 $m'$，形状和质量分布完全相同的两个圆柱体对称地放置在下圆盘上（下盘有对称的两个小孔）。按同样的方法，测出两小圆柱体和下盘绕中心轴 $OO'$ 的转动周期 $T_x$，则可求出每个柱体对中心转轴 $OO'$ 的转动惯量：

$$I_x = \frac{1}{2} \times \left[ \frac{(m_0 + 2m')gRr}{4\pi^2 H} T_x^2 - I_0 \right] \tag{4}$$

如果测出小圆柱中心与下圆盘中心之间的距离 $x$ 以及小圆柱体的半径 $R_x$，则由平行轴定理可求得：

$$I'_x = m'x^2 + \frac{1}{2} m' R_x^2 \tag{5}$$

比较 $I_x$ 与 $I'_x$ 的大小，可验证平行轴定理。

【实验内容和步骤】

1. 调整三线摆装置。

（1）观察上圆盘中心的水准器，并调节底板上三个调节螺钉，使上圆盘处于水平状态。

（2）利用上圆盘上的三个调节螺丝，使三悬线等长，使下圆盘处于水平状态，并固定紧定螺钉。

（3）调整底板右上方的光电传感接收装置，使下圆盘边上的挡光杆能自由往返通过光电门槽口。

2. 测量周期 $T_0$ 和 $T_1$、$T_X$。

（1）接通 FB213 型数显计时计数毫秒仪的电源，把光电接收装置与毫秒仪连接。合上毫秒仪电源开关，预置测量次数为 20 次（$N$ 次）（可根据实验需要从 1～99 次任意设置）。

（2）设置计数次数时，可分别按"置数"键的十位或个位按钮进行调节，（注意数字调节只能按进位操作），设置完成后自动保持设置值（直到再次改变设置为止）。

（3）在下圆盘处于静止状态下，拨动上圆盘的"转动手柄"，将上圆盘转过一个小角度（5°左右），带动下圆盘绕中心轴 $OO'$ 做微小扭摆运动。摆动若干次后，按毫秒仪上的"执行"键，毫秒仪开始计时，每计量一个周期，周期显示数值自动逐 1 递减，直到递减为 0 时，计时结束，毫秒仪显示出累计 20 个（$N$ 个）周期的时间（说明：毫秒仪计时范围：0～99.999s，分辨率为 1ms），重复以上测量 5 次，将数据记录到表 1 中。如此测 5 次，进行下一次测量时，测试仪要先按"返回"键。

（4）将圆环放在下圆盘上，使两者的中心轴线相重叠，按（3）的方法测定

摆动周期 $T_1$。

（5）将二小圆柱体对称放置在下圆盘上，用上述同样方法测定摆动周期 $T_X$。

（6）测出上下圆盘三悬点之间的距离 $a$ 和 $b$，然后算出悬点到中心的距离 $r$ 和 $R$（等边三角形外接圆半径）。

（7）其他物理量的测量：用米尺测出上下两圆盘之间的垂直距离 $H_0$ 和放置两小圆柱体小孔间距 $2x$；用游标卡尺量出待测圆环的内、外径 $2R_1$、$2R_2$ 和小圆柱体的直径 $2R_x$。记录各刚体的质量。

**【数据及处理】**

1. 实验数据记录：

$$r = \frac{\sqrt{3}}{3}a = \underline{\hspace{2cm}}, \quad R = \frac{\sqrt{3}}{3}b = \underline{\hspace{2cm}}, \quad H_0 = \underline{\hspace{2cm}}。$$

下盘质量 $m_0 = \underline{\hspace{2cm}}$，待测圆环质量 $m = \underline{\hspace{2cm}}$，圆柱体质量 $m' = \underline{\hspace{2cm}}$。

将相应数据记录于表1、表2、表3中。

**表1 累积法测周期数据**

| | 下盘 | | 下盘加圆环 | |
|---|---|---|---|---|
| 摆动20次所需<br>时间（秒） | 1 | | 1 | |
| | 2 | | 2 | |
| | 3 | | 3 | |
| | 4 | | 4 | |
| | 5 | | 5 | |
| | 平均 | | 平均 | |
| 周期 | $T_0 = $ S | | $T_1 = $ S | |

**表2 有关长度多次测量数据**

| 次数 | 上盘悬孔<br>间距 $a$（cm） | 下盘悬孔<br>间距 $b$（cm） | 待测圆环 | | 小圆柱体直径<br>$2R_x$（cm） | 放置小圆柱体两小<br>孔间距 $2x$（cm） |
|---|---|---|---|---|---|---|
| | | | 外直径<br>$2R_1$（cm） | 内直径<br>$2R_2$（cm） | | |
| 1 | | | | | | |
| 2 | | | | | | |

续表

| 次数 | 上盘悬孔间距 $a$（cm） | 下盘悬孔间距 $b$（cm） | 待测圆环 | | 小圆柱体直径 $2R_x$（cm） | 放置小圆柱体两小孔间距 $2x$（cm） |
|---|---|---|---|---|---|---|
| | | | 外直径 $2R_1$（cm） | 内直径 $2R_2$（cm） | | |
| 3 | | | | | | |
| 4 | | | | | | |
| 5 | | | | | | |
| 平均 | | | | | | |

表3                                        平行轴定理验证数据

| 次数 | 小孔间距 $2x$（m） | 周期 $T_x$（s） | 实验值（Kg·m²）$I_x = \dfrac{1}{2}\left[\dfrac{(m_0 + 2m')gRr}{4\pi^2 H}T_x^2 - I_0\right]$ | 理论值（Kg·m²）$I_x' = m'x^2 + \dfrac{1}{2}m'R_x^2$ | 相对误差 |
|---|---|---|---|---|---|
| 1 | | | | | |
| 2 | | | | | |
| 3 | | | | | |
| 4 | | | | | |
| 5 | | | | | |

2. 计算待测圆环测量结果，并与理论计算值比较，求相对误差并进行讨论。已知理想圆环绕中心轴转动惯量的计算公式为：

$$I_{理论} = \frac{m}{2}(R_1^2 + R_2^2)$$

3. 求出圆柱体绕自身轴的转动惯量，并与理论计算值 $I_{理} = \dfrac{m'}{2}R_x'^2$ 比较，验证平行轴定理。

【注意事项】

下圆盘边上的挡光杆应自由往返通过光电门槽口，摆动的幅度最好以槽口为中心，不要偏离太大。

【问题与反思】

1. 用三线摆测刚体转动惯量时，为什么必须保持下盘水平？

2. 在测量过程中，如下盘出现晃动，对周期测量有影响吗？如有影响，应如何避免之？

　　3. 如何利用三线摆测定任意形状的物体绕某轴的转动惯量？

　　4. 三线摆在摆动中受空气阻尼，振幅越来越小，它的周期是否会变化？对测量结果影响大吗？为什么？

# 实验五　杨氏弹性模量的测量

## 【知识准备】
1. 杨氏模量的物理意义。
2. 杨氏模量的公式。
3. 逐差法处理数据。

## 方法一：弯曲法测量横梁的杨氏模量

## 【实验目的】
1. 会用弯曲法测量黄铜的杨氏模量。
2. 会熟练使用各种测量长度的仪器。
3. 会用逐差法和最小二乘法处理数据。

## 【实验仪器】
杨氏模量测定仪。

## 【仪器简介】
杨氏模量测定仪主机、机架、读数显微镜、10 克砝码（8 块）、20 克砝码
（2 块）。图 1 为杨氏模量测定仪主体装置。

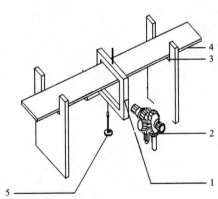

1. 铜挂件上的基线　2. 读数显微镜　3. 刀口　4. 横梁　5. 铜挂件定位孔

**图 1　杨氏模量测定仪主体装置**

**【实验原理】**

如图 1 所示，在横梁弯曲的情况下，杨氏模量 $Y$ 可以用下式表示：

$$Y = \frac{d^3 Mg}{4a^3 b \Delta Z} \tag{1}$$

其中：$d$ 为两刀口之间的距离，$M$ 为所加砝码的质量，$a$ 为梁的厚度，$b$ 为梁的宽度，$\Delta Z$ 为梁中心由于外力作用而下降的距离，$g$ 为重力加速度。

**【实验内容和步骤】**

1. 测量黄铜样品的杨氏模量。

（1）将实验箱盖垫在实验箱下面，以抬高实验操作面，利于观察和测量。

（2）将砝码刀口支架穿过样品（黄铜），然后将样品放在两刀口架上，调节铜刀口支架至正中，并将砝码盘底下圆柱放进限位孔中，以防砝码盘的摆动。

（3）调节读数显微镜，使眼镜观察十字线及分划板刻度线和数字清晰，调节望远镜目镜，使叉丝像清晰，再调节物镜，使标尺成像清晰并消除与叉丝像的视差，然后移动读数显微镜前后距离，使能够清晰看到铜架上的基线。转动读数显微镜的鼓轮使刀口架的基线与读数显微镜内十字刻度线吻合，记下初始读数值。

（4）逐次增加砝码 $M_i$（每次增加 20g 砝码），相应从读数显微镜上读出梁的弯曲位移 $\Delta Z_i$。

（5）测量横梁两刀口间的长度 $d$ 及测量不同位置横梁宽度 $b$ 和梁厚度 $a$。

（6）分别用逐差法和最小二乘法按照公式（1）进行计算，求得黄铜材料的杨氏模量，并把测量值与标准值进行比较。

2. 选做内容：测量可锻铸铁的杨氏模量。

**【数据及处理】**

杨氏模量的测量：

用直尺测量横梁的长度 $d$，游标卡尺测其宽度 $b$，千分尺测其厚度 $a$，铜质横梁的出厂标准数据分别为 $d = 23.00\text{cm}$，$b = 2.30\text{cm}$，$a = 0.995\text{mm}$。

利用已经标定的数值，测出黄铜样品在重物作用下的位移，测量数据填入表 1：

表 1 　　　　　　　　　　　黄铜样品的位移测量

| $M$（g） | | | | | | | |
|---|---|---|---|---|---|---|---|
| $Z$（mm） | | | | | | | |

用逐差法和最小二乘法分别对表 1 的数据进行计算，算出样品的杨氏模量值。

对照该黄铜材料杨氏模量标准数据 $E_0 = 10.55 \times 10^{10} \text{N/m}^2$ 处理误差；在此基础上，同学们还可以测可铸锻铁的杨氏模量。

**【注意事项】**

1. 梁的厚度必须测准确。在用千分尺测量黄铜厚度 $a$ 时，将千分尺旋转时，当其将要与金属接触时，必须用微调轮。当听到"嗒嗒嗒"三声时，停止旋转。有个别学生实验误差较大，其原因是千分尺使用不当，将黄铜梁厚度测得偏小。

2. 读数显微镜的准丝对准铜挂件（有刀口）的标志刻度线时，注意要区别是黄铜梁的边沿，还是标志线。

3. 加砝码时，应该轻拿轻放，尽量减小砝码架的晃动，这样可以使电压值在较短的时间内达到稳定值，节省了实验时间。

4. 实验开始前，必须检查横梁是否有弯曲，如有，应矫正。

**【附】弯曲法测量杨氏模量公式的推导**

固体、液体及气体在受外力作用时，形状与体积会发生或大或小的改变，这统称为形变。当外力不太大因而引起的形变也不太大时，撤掉外力，形变就会消失，这种形变被称为弹性形变。弹性形变分为长变、切变和体变三种。

一段固体棒，在其两端沿轴方向施加大小相等、方向相反的外力 $F$，其长度 $l$ 发生改变 $\Delta l$，以 $S$ 表示横截面面积，称 $\dfrac{F}{S}$ 为应力，相对长变 $\dfrac{\Delta l}{l}$ 为应变。在弹性限度内，根据胡克定律有：

$$\frac{F}{S} = Y \frac{\Delta l}{l}$$

$Y$ 为杨氏模量，其数值与材料性质有关。

以下为具体推导式子：$Y = \dfrac{d^3 Mg}{4a^3 b \Delta Z}$。

在横梁发生微小弯曲时，梁中存在一个中性面，面上部分发生压缩，面下部分发生拉伸，所以整体说来，可以理解横梁发生长变，即可以用杨氏模量来描写材料的性质。

如图 1 所示，虚线表示弯曲梁的中性面，易知其既不拉伸也不压缩，取弯曲梁长为 $\text{d}x$ 的一小段：

设其曲率半径为 $R(x)$，所对应的张角为 $\text{d}\theta$，再取中性面上部距为 $y$ 厚为 $\text{d}y$ 的一层面为研究对象，那么，梁弯曲后其长变为 $[R(x) - y]\text{d}\theta$，所以，变化量为：

$$[R(x) - y]\text{d}\theta - \text{d}x$$

又 $\text{d}\theta = \dfrac{\text{d}x}{R(x)}$

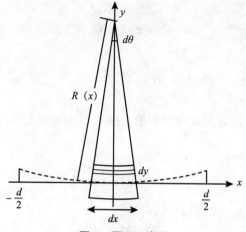

**图 1  原理示意图**

所以：

$$[R(x) - y] \mathrm{d}\theta - \mathrm{d}x = (R(x) - y) \frac{\mathrm{d}x}{R(x)} - \mathrm{d}x = -\frac{y}{R(x)} \mathrm{d}x$$

所以应变为：

$$\varepsilon = -\frac{y}{R(x)}$$

根据胡克定律有：

$$\frac{\mathrm{d}F}{\mathrm{d}S} = -Y \frac{y}{R(x)}$$

又 $\mathrm{d}S = b\mathrm{d}y$

所以：

$$\mathrm{d}F(x) = -\frac{Yby}{R(x)} \mathrm{d}y$$

对中性面的转矩为：

$$\mathrm{d}\mu(x) = |\mathrm{d}F| y = \frac{Yb}{R(x)} y^2 \mathrm{d}y$$

积分得：

$$\mu(x) = \int_{-\frac{a}{2}}^{\frac{a}{2}} \frac{Yb}{R(x)} y^2 \mathrm{d}y = \frac{Yba^3}{12R(x)} \tag{1}$$

对梁上各点，有：

$$\frac{1}{R(x)} = \frac{y''(x)}{[1 + y'(x)^2]^{\frac{3}{2}}}$$

因梁的弯曲微小：

$$y'(x) = 0$$

所以有：

$$R(x) = \frac{1}{y''(x)} \qquad (2)$$

梁平衡时，梁在 $x$ 处的转矩应与梁右端支撑力 $\frac{Mg}{2}$ 对 $x$ 处的力矩平衡，

所以有：

$$\mu(x) = \frac{Mg}{2}\left(\frac{d}{2} - x\right) \qquad (3)$$

根据式（1）、式（2）、式（3）可以得到：

$$y''(x) = \frac{6Mg}{Yba^3}\left(\frac{d}{2} - x\right)$$

据所讨论问题的性质有边界条件：

$$y(0) = 0; \ y'(0) = 0$$

解上面的微分方程得到：

$$y(x) = \frac{3Mg}{Yba^3}\left(\frac{d}{2}x^2 - \frac{1}{3}x^3\right)$$

将 $x = \frac{d}{2}$ 代入上式，得右端点的 $y$ 值：

$$y = \frac{Mgd^3}{4Yba^3}$$

又 $y = \Delta Z$；

所以，杨氏模量为：$Y = \frac{d^3 Mg}{4a^3 b \Delta Z}$。

上面式子的推导过程中用到微积分及微分方程的部分知识，之所以将这段推导写进去，是希望学生和教师在实验之前对物理概念有一个明晰的认识。

# 方法二：拉伸法测量杨氏模量

## 【实验目的】

1. 掌握用伸长法测量钢丝杨氏模量的方法。
2. 理解和掌握用光杠杆测量微小长度的原理和方法，测量金属丝的杨氏模量。
3. 训练正确调整测量系统的能力。

4. 学会用逐差法处理数据。

【实验仪器】

杨氏模量测定仪、螺旋测微器、游标卡尺、钢卷尺、光杠杆及望远镜直横尺。

【实验原理】

胡克定律指出，在弹性限度内，弹性体的应力和应变成正比。设有一根长为 $L$，横截面积为 $S$ 的钢丝，在外力 $F$ 作用下伸长了 $\Delta L$，则：

$$\frac{F}{S} = E\frac{\Delta L}{L} \tag{1}$$

式（1）中的比例系数 $E$ 称为杨氏模量，单位为 $\mathrm{N \cdot m^{-2}}$。设实验中所用钢丝直径为 $d$，则 $S = \frac{1}{4}\pi d^2$，将此公式代入式（1）整理以后得：

$$E = \frac{4FL}{\pi d^2 \Delta L} \tag{2}$$

式（2）表明，对于长度 $L$，直径 $d$ 和所加外力 $F$ 相同的情况下，杨氏模量 $E$ 越大的金属丝其伸长量 $\Delta L$ 越小。因而，杨氏模量表达了金属材料抵抗外力产生拉伸（或压缩）形变的能力。

如图 1 安装光杠杆 $G$ 及望远镜直横尺。光杠杆前后足尖的垂直距离为 $h$，光杠杆平面镜到标尺的距离为 $D$，设加砝码 $m$ 后金属丝伸长为 $\Delta L$，加砝码 $m$ 前后望远镜中直尺的读数差为 $\Delta l$，则由图 2 知，$tg\theta = \Delta L/h$，反射线偏转了 $2\theta$，$tg2\theta = \Delta l/D$，当 $\theta < 5°$ 时，$tg2\theta \approx 2\theta$，$tg\theta \approx \theta$，故有 $2\Delta L/h = \Delta l/D$，即：

$$\Delta L = \Delta l\, h/2D，\text{或者 } \Delta L = (l_2 - l_1)h/2D \tag{3}$$

将 $F = mg$ 代入式（2），得出用伸长法测金属杨氏模量 $E$ 的公式为：

$$E = \frac{8mgLD}{\pi d^2 \Delta l h} \tag{4}$$

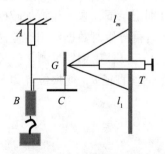

**图 1　光杠杆及直横尺安装示意图**

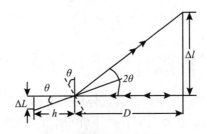

图 2　光杠杆原理示意图

【实验内容和步骤】

1. 杨氏模量测定仪的调整。

（1）调节杨氏模量测定仪底脚螺丝，使立柱处于竖直状态。

（2）将钢丝上端夹住，下端穿过钢丝夹子和砝码相连。

（3）将光杠杆放在平台上，调节平台的上下位置，尽量使三足在同一个水平面上。

2. 光杠杆及望远镜直横尺的调节。

（1）在杨氏模量测定仪前方约 1 米处放置望远镜直横尺，并使望远镜和光杠杆在同一个高度，并使光杠杆的镜面和标尺都与钢丝平行。

（2）调节望远镜，在望远镜中能看到平面镜中直尺的像。

（3）仔细调望远镜的目镜，使望远镜内的十字线看起来清楚为止，调节平面镜、标尺的位置及望远镜的焦距，使人们能清楚地看到标尺刻度的像。

3. 测量。

（1）首先将砝码托盘挂在下端，再放上 1 个砝码成为本底砝码，拉直钢丝，然后记下此时望远镜中所对应的读数 $l_1$。

（2）顺次增加砝码 1kg，直至将砝码全部加完为止，然后再依次减少 1kg 直至将砝码全部取完为止，分别记录下读数。注意加减砝码要轻放。由对应同一砝码值的两个读数求平均，然后再分组对数据应用逐差法进行处理。

（3）用钢卷尺测量钢丝长度 $L$；用钢卷尺测量标尺到平面镜之间的距离 $D$。

（4）用螺旋测微器测量钢丝直径 $d$，变换位置测 5 次（注意不能用悬挂砝码的钢丝），求平均值。

（5）将光杠杆在纸上压出 3 个足印，用卡尺测量出 $h$。

【数据及处理】

1. 钢丝原长 $L$ = ＿＿＿＿＿＿ cm。

光杠杆与望远镜直尺距离 $D$ = ＿＿＿＿＿＿ cm。

光杠杆常数 $b =$ _____ cm。

2. 钢丝直径 $d =$ _____ cm。

3. 加减砝码后钢丝长度变化有关测量数据。

表 1                 加减砝码时钢丝伸长量的变化

| 加砝码 | $R_1$ | $R_2$ | $R_3$ | $R_4$ | $R_5$ | $R_6$ |
| --- | --- | --- | --- | --- | --- | --- |
| 减砝码 | $r_1$ | $r_2$ | $r_3$ | $r_4$ | $r_5$ | $r_6$ |
| 平均值 | $l_1$ | $l_2$ | $l_3$ | $l_4$ | $l_5$ | $l_6$ |

4. 用逐差法计算钢丝伸长量的光杠杆放大量：

$l = \left[ \left( l_6 - l_3 \right) + \left( l_5 - l_2 \right) + \left( l_4 - l_1 \right) \right] / 9 =$ _____ cm

5. 计算钢丝的杨氏模量 $E$，并用标准式表示。

【注意事项】

1. 实验系统调整好以后，一旦开始读数，则在实验过程中不允许对实验系统任何一部分做调整，否则所有读数都应重新测量。

2. 加减砝码时轻拿轻放，等系统稳定以后再进行读数。

3. 光杠杆的后脚不要接触钢丝。

【问题与反思】

1. 在砝码盘中放置一个本底砝码的作用是什么？

2. 为什么光杠杆的后脚不能接触钢丝？

3. 怎样调节光杠杆及望远镜等组成的系统，使在望远镜中能看到清晰的像？

# 实验六　液体黏滞系数的测定

【知识准备】

1. 液体黏滞系数的物理意义。
2. 泊肃叶定律和斯托克斯定律。

【实验目的】

1. 进一步理解液体的黏滞性。
2. 掌握用奥氏粘度计测定液体黏滞系数的方法。
3. 掌握用落球法测定液体黏滞系数的方法。

## 方法一：用奥氏粘度计测定盐溶液的黏滞系数

【实验仪器】

奥氏粘度计、温度计、秒表、水、盐溶液、移液管、洗耳球、大烧杯、物理支架、液体密度计。

【仪器简介】

奥氏粘度计的形状如图 1 所示，是一个 U 形玻璃管。B 泡位置较高，为测定泡；A 泡位置较低，为下储泡；B 泡上下各有一刻痕 $m$ 和 $n$。下面是一段截面积相等的毛细管 $L$。

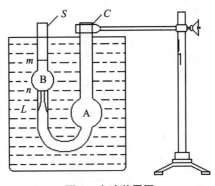

图 1　实验装置图

**【实验原理】**

当黏滞系数为 $\eta$ 的液体在半径为 $R$、长为 $L$ 的毛细管中稳定流动时，若细管两端的压强差为 $\Delta P$，则根据泊肃叶定律，单位时间流经毛细管的 $\Delta P$ 体积流量 $Q$ 为：

$$Q = \frac{\pi R^4 \Delta P}{8\eta L} \tag{1}$$

本实验用奥氏粘度计测量液体的黏滞系数，采用比较法进行测量。

实验时，常以黏滞系数已知的水作为比较的标准。先将水注入粘度计的球泡 A 中，再用洗耳球将水从 A 泡吸到 B 泡内，使水面高于刻痕 $m$，然后将洗耳球拿掉，只在重力作用下让水经毛细管又流回 A 泡，设水面从刻痕 $m$ 降至刻痕 $n$ 所用的时间为 $t_1$；若换一待测液体，测出相应的时间为 $t_2$，由于流经毛细管的液体的体积相等，故有：

$V_1 = V_2$，即 $Q_1 t_1 = Q_2 t_2$，则有：

$$\frac{\pi R^4 \Delta P_1}{8\eta_1 L} \cdot t_1 = \frac{\pi R^4 \Delta P_2}{8\eta_2 L} \cdot t_2$$

即得：

$$\frac{\eta_2}{\eta_1} = \frac{\Delta P_2 \cdot t_2}{\Delta P_1 \cdot t_1} \tag{2}$$

式中 $\eta_1$ 和 $\eta_2$ 分别表示水和待测液体的黏滞系数。设两种液体的密度分别为 $\rho_1$ 和 $\rho_2$，因为在两次测量中，两种液面高度差 $\Delta h$ 变化相同，则压强差之比为：

$$\frac{\Delta P_1}{\Delta P_2} = \frac{\rho_1 g \Delta h}{\rho_2 g \Delta h} = \frac{\rho_1}{\rho_2} \tag{3}$$

将式（3）代入式（2），得：

$$\eta_2 = \frac{\rho_2 t_2}{\rho_1 t_1} \eta_1 \tag{4}$$

若已知实验温度下的 $\eta_1$ 值，并测出实验温度下的 $\rho_1$、$\rho_2$ 的值，则根据式（4）可求得待测液体的黏滞系数 $\eta_2$。

**【实验内容和步骤】**

1. 在大烧杯内注入一定室温的清水，以不溢出杯外为度，作为恒温槽。

2. 用水将粘度计内部清洗干净并甩干，将其铅直地固定在物理支架上，放在恒温槽中。

3. 用量筒将一定量的水（一般取 5～10ml）由管口 C 注入 A 泡。

4. 用洗耳球将水吸入 B 泡，使其液面略高于刻痕 $m$，然后让液体在重力作用下经毛细管 $L$ 流下。当液面降至痕线 $m$ 时，按动秒表开始计时，液面降至痕线

$n$ 时，按停秒表，记下所需时间 $t_1$ 填入表 1。重复测量 $t_1$ 5 次。

5. 将水换成待测液体盐溶液，重复上述步骤 3 和步骤 4，测量同体积的盐溶液流经毛细管时所用时间 $t_2$ 填入表 1，重复测量 5 次（先将粘度计用待测盐溶液润洗一下）。

6. 测量恒温槽中水的温度 $T$ 和盐溶液密度，并查表给出水的黏滞系数。

**【数据及处理】**

查表与记录：$T =$ _____ ℃

水的密度 $\rho_1 =$ _____ kg/m$^3$

盐溶液的密度 $\rho_2 =$ _____ kg/m$^3$

水的黏滞系数 $\eta_1 =$ _____ Pa·s

表 1 　　　　　　　　　　　水和盐水的时间测量

| 次数 | 水 $t_1$（s） | 盐溶液 $t_2$（s） | $t_1$ 的绝对误差 $\Delta t_1$（s） | $t_2$ 的绝对误差 $\Delta t_2$（s） |
|---|---|---|---|---|
| 1 | | | | |
| 2 | | | | |
| 3 | | | | |
| 4 | | | | |
| 5 | | | | |
| 平均 | | | | |

计算：$\overline{\eta_2} = \dfrac{\rho_2}{\rho_1} \dfrac{\overline{t_2}}{\overline{t_1}} \eta_1 =$ _____

$E\eta_2 = \dfrac{\overline{\Delta t_1}}{\overline{t_1}} + \dfrac{\overline{\Delta t_2}}{\overline{t_2}} =$ _____

$\overline{\Delta \eta_2} = \overline{\eta_2} \cdot E\eta_2 =$ _____

结果：$\eta_2 = \overline{\eta_2} \pm \overline{\Delta \eta_2} =$ _____

**【注意事项】**

1. 取水和取待测液体的用具不要混用，每次应冲洗干净并进行润洗。

2. 粘度计一定要铅直固定在物理支架上。

**【问题与反思】**

1. 为什么要取相同体积的待测液体和标准液体进行测量？

2. 为什么实验过程中要将粘度计浸在水中?

3. 测量过程中为什么必须使粘度计保持竖直位置?

# 方法二: 落球法液体黏滞系数测定

【实验仪器】

实验装置主要有: 落球法测定仪、小钢球、蓖麻油、米尺、千分尺、游标卡尺、液体密度计、电子分析天平、激光光电计时仪、温度计和比重瓶等（若实验室给出钢球材料密度, 可不必用电子分析天平）。FD – VM – Ⅱ落球法液体黏滞系数测定仪结构如图 1 所示。

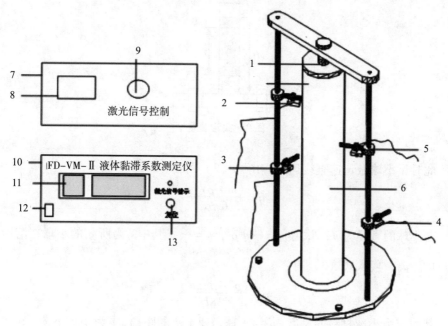

1. 导管  2. 激光发射器 A  3. 激光发射器 B  4. 激光接收器 A  5. 激光接收器 B
6. 量筒  7. 主机后面板  8. 电源插座  9. 激光信号控制  10. 主机前面板
11. 计时器  12. 电源开关  13. 计时器复位端

图1　FD – VM – Ⅱ落球法液体黏滞系数测定仪结构图

【实验原理】

当金属小球在黏性液体中下落时, 它受到三个铅直方向的力: 小球的重力 $mg$（$m$ 为小球质量）、液体作用于小球的浮力 $\rho g V$（$V$ 是小球体积, $\rho$ 是液体密度）和黏滞阻力 $F$（其方向与小球运动方向相反）。如果液体无限深广，在小球下落速度 $v$ 较小情况下，有：

$$F = 6\pi\eta rv \tag{1}$$

式（1）称为斯托克斯公式，其中 $r$ 是小球的半径；$\eta$ 为液体的黏滞系数，其国际单位是 Pa·s。

小球开始下落时，由于速度尚小，所以阻力也不大，但随着下落速度的增大，阻力也随之增大，最后，实验装置原理如图 2 所示，小球达到 $l_1$ 时，重力、浮力和黏滞阻力三个力达到平衡，即：

$$mg = \rho gV + 6\pi\eta rv \tag{2}$$

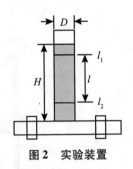

**图 2　实验装置**

此时，小球做匀速直线运动，由式（2）可得：

$$\eta = \frac{(m - \rho V)g}{6\pi rv} \tag{3}$$

若小球的直径为 $d$，并用 $m = \frac{\pi}{6}d^3\rho'$，$v = \frac{l}{t}$，其中 $l$ 为所测的小球在溶液中走过的距离，代入式（3）得：

$$\eta = \frac{(\rho' - \rho)gd^2t}{18l} \tag{4}$$

其中 $\rho'$ 为小球材料的密度，$l$ 为小球匀速下落的距离，$t$ 为小球下落 $l$ 距离所用的时间。

实验时，待测液体必须盛于容器中，故不能满足无限深广的条件，实验证明，若小球沿筒的中心轴线下降，式（4）须做如下修正方能符合实际情况：

$$\eta = \frac{(\rho' - \rho)gd^2t}{18} \cdot \frac{1}{\left(1 + 2.4\dfrac{d}{D}\right)\left(1 + 1.6\dfrac{d}{H}\right)} \tag{5}$$

其中如图 2 所示 $D$ 为容器内径，$H$ 为液柱高度。

**【实验内容和步骤】**

1. 调整黏滞系数测定仪及实验准备。

（1）调整底盘水平，在仪器横梁中间部位放重锤部件，调节底盘旋钮，使重锤对准底盘的中心圆点。

（2）将实验架上的上、下两个激光器接通电源，可看见其发出红光。调节上、下两个激光器，使其红色激光束平行地对准锤线。

（3）收回重锤部件，将盛有被测液体的量筒放置到实验架底盘中央，并在实验中保持位置不变。

（4）在实验架上放上钢球导管。小球用乙醚、酒精混合液清洗干净，并用滤纸吸干残液，备用。

（5）将小球放入铜质球导管，看其是否能阻挡光线，若不能，则适当调整激光器位置。

2. 用温度计测量油温，在全部小球下落完后再测量一次油温，取平均值作为实际油温。

3. 用秒表测量下落小球的匀速运动速度。

（1）测量上、下二个激光束之间的距离。

（2）用千分尺测量小球直径，将小球放入导管，当小球落下，阻挡上面的红色激光束时，光线受阻，此时用秒表开始计时，到小球下落到阻挡下面的红色激光束时，计时停止，读出下落时间，重复测量6次以上。最后计算蓖麻油的黏滞系数。

4. 用激光光电门与电子计时仪器代替电子秒表，测量液体的黏滞系数（注意：激光束必须通过玻璃圆筒中心轴），记录数据完成表1将测量结果与公认值进行比较。

**【数据及处理】**

待测液体：蓖麻油。

实验时油温 $\theta$ = _____；小球密度 $\rho$ = _____，油的密度 $\rho$ = _____。

量筒直径 $D$ = _____；量筒高度 $H$ = _____；测量距离 $L$ = _____。

表1　　　　　　　　　　液体的黏滞系数测量表

| | 直径 $d$（mm） | 下落时间 $t$（s） | 粘滞系数 $\eta$（Pa·s） |
|---|---|---|---|
| 小球1 | | | |
| 小球2 | | | |

【问题与反思】
1. 如何判断小球是否在做匀速运动?
2. 用激光光电开关测量小球下落时间的方法测量液体黏滞系数有何优点?

# 实验七 液体表面张力系数的测定

## 【知识准备】

1. 液体表面张力公式。
2. 表面张力系数 $\alpha$ 的性质和物理意义。

## 【实验目的】

1. 学习力敏传感器的定标方法。
2. 观察拉脱法测液体表面张力的物理过程和物理现象。
3. 掌握线性回归法。
4. 测量纯水和其他液体的表面张力系数。

## 【实验仪器】

温度计、计算器、液体表面张力测定装置。

## 【仪器简介】

液体表面张力测定装置如图 1 所示。

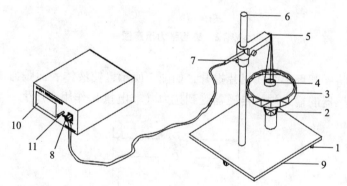

1. 调节螺丝 2. 升降螺丝 3. 玻璃器皿 4. 吊环 5. 力敏传感器 6. 支架
7. 固定螺丝 8. 航空插头 9. 底座 10. 数字电压表 11. 调零旋钮

**图1 表面张力测定装置**

1. 硅压阻力敏传感器。
（1）受力量程：0 ~ 0.098N。
（2）灵敏度：约 3.00V/N（用砝码质量作单位定标）。
2. 显示仪器（读数显示：200mV 三位半数字电压表）。

3. 力敏传感器固定支架、升降台、底板及水平调节装置。

4. 吊环：外径 $\phi$3.496cm、内径 $\phi$3.310cm、高0.850cm 的铝合金吊环。

5. 直径 $\phi$12.00cm 玻璃器皿一套。

6. 砝码盘及 0.5 克砝码 7 只。

【实验原理】

在液体表面存在使液体具有收缩倾向的张力。如果在液面上设想有一条分界线 $MN$，表面张力的方向是与液面相切并垂直于选取的分界线的，表面张力 $F_1$ 和 $F_2$ 的大小与液面设想的分界线的长度 $L$ 成正比，如图2所示，即 $F = \alpha L$。式中 $\alpha$ 称为该液体的表面张力系数：

$$\alpha = \frac{F}{L}$$

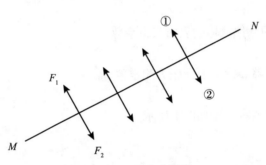

图2 表面张力示意图

实验中将一圆环形金属吊片提升，如图3所示，使液体表面张力作用于硅压阻式力敏传感器的输入端，传感器受到拉力（非电量）作用会产生一个相应的输

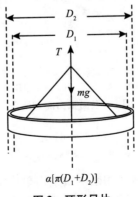

$$\alpha[\pi(D_1+D_2)]$$

图3 环形吊片

出电压。起初，使吊片的底面浸在液面以下，然后缓慢向上拉动吊片，从液体中拉脱金属吊片的瞬间，输出电压会有一个显著的跳变，根据电压跳变的差值计算液体表面张力系数。

拉脱瞬间，可以认为圆环型吊片脱离液体表面的瞬间受力平衡（忽略带起的液膜的重量），平衡方程为：

$$T = \alpha\pi(D_1 + D_2) + mg$$

式中 $T$ 是传感器挂钩受到的拉力，$D_1$ 和 $D_2$ 分别为圆环底面的内外直径，$mg$ 为吊片的重力。

另外，传感器受到的拉力和输出电压成正比：

$$U_{out} = KT$$

式中 $K$ 是力敏传感器的灵敏度系数，可由定标实验测定，$T$ 为拉力。所以拉脱前后输出电压的跳变量 $\Delta U_{out}$ 可表示为：

$$\Delta U_{out} = (U_{out})_1 - (U_{out})_2 = KT - Kmg = K\alpha\pi(D_1 + D_2)$$

测出吊环在拉脱瞬间时 $[T = \alpha\pi(D_1 + D_2) + mg]$ 电压表读数 $(U_{out})_1$，拉脱后 $(T = mg)$ 数字电压表的读数 $(U_{out})_2$，于是液体表面张力系数可表示为：

$$\alpha = \frac{\Delta U_{out}}{(K\pi(D_1 + D_2))}$$

**【实验内容和步骤】**

1. 对力敏传感器进行定标，用逐差法或最小二乘法做直线拟合，求出传感器灵敏度 $K$。

2. 用游标卡尺测量金属圆环的内、外直径，并清洁圆环表面。

3. 测水的表面张力系数。将金属环状吊片挂在传感器的小钩上。调节升降台，将液体升至靠近环片的下沿，观察环状吊片下沿与待测液面是否平行，将金属环状吊片取下后，调节吊片上的细丝，使吊片与待测液面平行（注意：吊环中心、玻璃皿中心最好与转轴重合）。

4. 调节容器下的升降台，使其渐渐上升，将环片的下沿部分全部浸没于待测液体。然后反向调节升降台，使液面逐渐下降。这时，金属环片和液面间形成一环形液膜，继续下降液面，测出环形液膜即将拉断前一瞬间数字电压表读数值 $(U_{out})_1$ 和液膜拉断后数字电压表读数值 $(U_{out})_2$ [注意：液膜断裂应发生在转动的过程中，而不是开始转动或转动结束时（因为此时振动较厉害）；应多次重复测量]。

5. 将实验数据代入公式，求出液体的表面张力系数。

6. 测量其他液体的表面张力系数（参考以上步骤）。

## 【数据及处理】

1. 力敏传感器定标。

力敏传感器上分别加各种质量砝码，测出相应的电压输出值，实验结果填入表1。

表1                     力敏传感器定标

| 物体质量 $m$（g） | 0.500 | 1.000 | 1.500 | 2.000 | 2.500 | 3.000 | 3.500 |
|---|---|---|---|---|---|---|---|
| 输出电压 $V$（mV） | | | | | | | |

最小二乘法拟合可得仪器的灵敏度，用计算机进行拟合。

2. 水和其他液体表面张力系数的测量。

请将测量值填入表2。

表2                纯水的表面张力系数测量（水的温度_____℃）

| 测量次数 | $U_1$（mV） | $U_2$（mV） | $\Delta U$（mV） | $f$（$\times 10^{-3}$N） | $\alpha \times 10^{-3}$（N/m） |
|---|---|---|---|---|---|
| 1 | | | | | |
| 2 | | | | | |
| 3 | | | | | |
| 4 | | | | | |
| 5 | | | | | |
| 6 | | | | | |

## 【注意事项】

1. 砝码应轻拿轻放。
2. 实验前仪器开机预热 15 分钟，依次用清水清洗玻璃器皿和吊环。
3. 玻璃器皿和吊环经过洁净处理后，不能再用手接触，亦不能用手触及液体。
4. 对传感器定标时应先调零，待电压表输出稳定后再读数。
5. 吊环保持水平，缓慢旋转升降台，避免水晃动，准确读取 $(U_{out})_1$、$(U_{out})_2$。
6. 实验结束后擦干、包好吊环，旋好传感器帽盖。

## 【问题与反思】

1. 还可以采用哪些方法对力敏传感器灵敏度 $K$ 的实验数据进行处理?
2. 分析吊环即将拉断液面前的一瞬间数字电压表读数值由大变小的原因。
3. 对实验的系统误差和随机误差进行分析，提出减小误差改进实验的方法措施。

# 实验八　金属电阻温度系数的测定

## 【知识准备】

1. 温度标定的要素。
2. 温度与热运动的关系。

## 【实验目的】

1. 了解和测量金属电阻与温度的关系。
2. 了解金属电阻温度系数的测定原理。
3. 了解测量金属电阻温度系数的方法。

## 【实验仪器】

YJ – RZT – 2 数字智能化热学综合实验平台、Pt100 温度传感器、恒温加热盘、数字万用表。

## 【实验原理】

1. 电阻温度系数。

各种导体的电阻随着温度的升高而增大，在通常温度下，电阻与温度之间存在着线性关系，可用下式表示：

$$R = R_0(1 + \alpha t) \tag{1}$$

式 (1) 中，$R$ 是温度为 $t℃$ 时的电阻；$R_0$ 为 0℃ 时的电阻；$\alpha$ 称为电阻温度系数。

严格来说，$\alpha$ 和温度有关，但在 0 ~ 100℃ 范围内，$\alpha$ 的变化很小，可以看作不变。

2. 铂电阻。

导体的电阻值随温度变化而变化，我们可以通过测量其电阻值推算出被测环境的温度，利用此原理构成的传感器就是热电阻温度传感器。能够用于制作热电阻的金属材料必须具备以下特性：

(1) 电阻温度系数要尽可能大和稳定，电阻值与温度之间应具有良好的线性关系；

(2) 电阻率高，热容量小，反应速度快；

(3) 材料的复现性和工艺性好，价格低；

(4) 在测量范围内物理和化学性质稳定。

目前，在工业中应用最广的材料是铂铜。

铂电阻与温度之间的关系在 0 ~ 630.74℃ 范围内用下式表示：

$$R_T = R_0(1 + AT + BT^2) \tag{2}$$

在 $-200 \sim 0^\circ C$ 的温度范围内为：

$$R_T = R_0[1 + AT + BT^2 + C(T - 100^\circ C)T^3] \tag{3}$$

式（2）和式（3）中，$R_0$ 和 $R_T$ 分别为在 $0^\circ C$ 和温度 $T$ 时铂电阻的电阻值，$A$、$B$、$C$ 为温度系数，由实验确定，$A = 3.90802 \times 10^{-3}{}^\circ C^{-1}$，$B = -5.80195 \times 10^{-7}{}^\circ C^{-2}$，$C = -4.27350 \times 10^{-12}{}^\circ C^{-4}$。由式（2）和式（3）可见，要确定电阻 $R_T$ 与温度 $T$ 的关系，首先要确定 $R_0$ 的数值，$R_0$ 值不同时，$R_T$ 与 $T$ 的关系不同。目前国内统一设计的一般工业用标准铂电阻 $R_0$ 值有 $100\Omega$ 和 $500\Omega$ 两种，电阻值 $R_T$ 与温度 $T$ 的相应关系被统一列成表格，称为铂电阻的分度表，分度号分别用 Pt100 和 Pt500 表示。

铂电阻在常用的热电阻中准确度较高，国际温标 ITS - 90 中还规定，将具有特殊构造的铂电阻作为 13.5033K $\sim$ 961.78$^\circ$C 标准温度计使用，铂电阻广泛用于 $-200 \sim 850^\circ$C 范围内的温度测量，工业中通常在 600$^\circ$C 以下。

**【实验内容及步骤】**

1. 测 Pt100 的 R - t 曲线。

（1）如图 1 所示，安装好实验装置，连接好电缆线，打开电源开关将金属电阻 Pt100 置于恒温加热盘中，用数字多用表 $200\Omega$ 档测量出金属电阻 Pt100 的阻值。

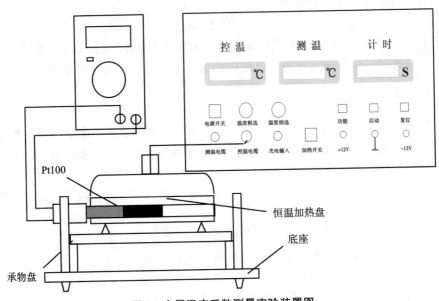

**图1　金属温度系数测量实验装置图**

（2）顺时针调节"温度粗选"和"温度细选"钮到底，打开加热开关，加热指示灯发亮（加热状态），同时观察恒温加热盘温度（控温表）的变化，当恒温加热盘温度即将达到所需温度（如 50.0℃）时，逆时针调节"温度粗选"和"温度细选"旋钮，使指示灯闪烁（恒温状态），仔细调节"温度细选"钮使恒温加热器温度恒定在所需温度（如 50.0℃）。用数字多用表测量出所选择温度时金属电阻 Pt100 的阻值。

（3）重复以上步骤，选择恒温加热器的温度为 60℃、70℃、80℃、90℃、100℃时，数字多用表测量出所选择温度时金属电阻 Pt100 的阻值。

2. 求 Pt100 的电阻温度系数。

用所测得的对应温度下的电阻可以做出 $R—t$ 曲线，根据该曲线，从线上任取相距较远的两点 $t_1—R_1$ 及 $t_2—R_2$ 根据式（1）有：

$$R_1 = R_0 + R_0\alpha t_1 \quad R_2 = R_0 + R_0\alpha t_2$$

联立求解得：

$$\alpha = (R_2 - R_1)/(R_1 t_2 - R_2 t_1)$$

【数据及处理】

1. 自拟表格记录实验数据。

2. 根据实验数据，绘出 $R—t$ 曲线。

3. 求出 Pt100 的电阻温度系数。

【注意事项】

1. 供电电源插座必须良好接地。

2. 在整个电路连接好之后才能打开电源开关。

3. 严禁带电插拔电缆插头。

【问题与反思】

1. 为什么金属电阻会随温度增高而增大？

2. 如何控制控温盘以提高实验速度？

# 实验九　金属线膨胀系数的测量

【知识准备】

1. 测量微小长度变化的方法。

2. 热胀冷缩在现实生活的危害和应用。

【实验目的】

学习测量金属线膨胀系数的一种方法。

【实验仪器】

YJ－RZT－2 数字智能化热学综合实验平台、游标卡尺、千分表、待测金属棒、恒温加热盘。

【仪器简介】

测量金属线膨胀系数的实验装置如图 1 所示。

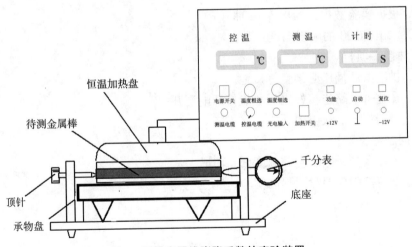

图 1　测量金属线膨胀系数的实验装置

【实验原理】

材料的线膨胀是材料受热膨胀时，在一维方向上的伸长。线胀系数是选用材料的一项重要指标。特别是研制新材料时，少不了对材料线胀系数进行测定。

固体受热后其长度的增加称为线膨胀。经验表明，在一定的温度范围内，原

长为 $L$ 的物体，受热后其伸长量 $\Delta L$ 与其温度的增加量 $\Delta t$ 近似成正比，与原长 $L$ 亦成正比，即：

$$\Delta L = \alpha L \Delta t \tag{1}$$

式（1）中的比例系数 $\alpha$ 称为固体的线膨胀系数（简称线胀系数）。大量实验表明，不同材料的线胀系数不同，塑料的线胀系数最大，金属次之，殷钢、熔凝石英的线胀系数很小。殷钢和石英的这一特性在精密测量仪器中有较多的应用。表1列出了几种材料的线胀系数。

**表1** 几种材料的线胀系数

| 材料 | 铜、铁、铝 | 普通玻璃、陶瓷 | 殷钢 | 熔凝石英 |
|---|---|---|---|---|
| $\alpha$ 数量级 | $\times 10^{-5}$（℃）$^{-1}$ | $\times 10^{-6}$（℃）$^{-1}$ | $< 2 \times 10^{-6}$（℃）$^{-1}$ | $\times 10^{-7}$（℃）$^{-1}$ |

实验还发现，同一材料在不同温度区域，其线胀系数不一定相同。某些合金，在金相组织发生变化的温度附近，同时会出现线胀量的突变。因此测定线胀系数也是了解材料特性的一种手段。但是，在温度变化不大的范围内，仍可认为线胀系数是一常量。

为测量线胀系数，我们将材料做成条状或杆状。由式（1）可知，测量出 $t_1$ 时杆长 $L$、受热后温度达 $t_2$ 时的伸长量 $\Delta L$ 和受热前后的温度 $t_1$ 及 $t_2$，则该材料在（$t_1$，$t_2$）温区的线胀系数为：

$$\alpha = \frac{\Delta L}{L(t_2 - t_1)} \tag{2}$$

其物理意义是固体材料在（$t_1$，$t_2$）温区内，温度每升高一度时材料的相对伸长量，其单位为（℃）$^{-1}$。

测线胀系数的主要问题是如何测伸长量 $\Delta L$。我们先粗估算出 $\Delta L$ 的大小，若 $L \approx 250\,\text{mm}$，温度变化 $t_2 - t_1 \approx 100℃$，金属的 $\alpha$ 数量级为 $10^{-5}$（℃）$^{-1}$，则可估算出 $\Delta L \approx 0.25\,\text{mm}$。对于这么微小的伸长量，用普通量具（如钢尺或游标卡尺）是测不准的，可采用千分表（分度值为 $0.001\,\text{mm}$）、读数显微镜、光杠杆放大法、光学干涉法测量。本实验中采用千分表测微小的线胀量。

**【内容及步骤】**

1. 开机。

（1）用游标卡尺测出待测金属棒的原长 $L$，按图1安装好实验装置，将待测金属棒置于恒温加热盘中，固定好千分表，调节顶针位置使千分表转过一定数值（如 $L_0$）。

（2）连接好电缆线，打开电源开关，顺时针调节"温度粗选"和"温度细选"钮到底，打开加热开关，加热指示灯发亮（加热状态），同时观察恒温加热盘温度（控温表）的变化，当恒温加热盘温度即将达到所需温度（如50.0℃）时逆时针调节"温度粗选"和"温度细选"钮使指示灯闪烁（恒温状态），仔细调节"温度细选"钮使恒温加热盘温度恒定在所需温度（如50.0℃）。

2. 测量。

当加热盘温度恒定在设定温度50.0℃3分钟以后，读出千分表的读数值 $L_1$，重复以上步骤测出温度分别为 55.0℃、60.0℃、65.0℃、70.0℃、75.0℃、80.0℃、85.0℃、90.0℃、95.0℃ 时，千分表的读数 $L_2$、$L_3$、$L_4$、$L_5$、$L_6$、$L_7$、$L_8$、$L_9$、$L_{10}$。

3. 用逐差法求出每变化5.0℃时金属棒的平均伸长量 $\Delta L$，由式（2）即可求出金属棒在（50℃~95℃）温区内的线胀系数。

【数据及处理】

1. 测量铜杆的原长 $L$，将数据填入表2中。

表2                                                    铜杆的原长

| 测量次数 | 1 | 2 | 3 | 平均值 |
|---|---|---|---|---|
| $L$（mm） | | | | |

2. 记录对应温度时的千分表读数，填入表3。

表3                                          对应温度时的千分表读数

| $T$（℃） | $L$（mm） |
|---|---|
| $T_1 =$ | $L_1 =$ |
| $T_2 = T_1 + 5℃ =$ | $L_2 =$ |
| $T_3 = T_1 + 10℃ =$ | $L_3 =$ |
| $T_4 = T_1 + 15℃ =$ | $L_4 =$ |
| $T_5 = T_1 + 20℃ =$ | $L_5 =$ |
| $T_6 = T_1 + 25℃ =$ | $L_6 =$ |
| $T_7 = T_1 + 30℃ =$ | $L_7 =$ |
| $T_8 = T_1 + 35℃ =$ | $L_8 =$ |

续表

| $T$ (℃) | $L$ (mm) |
|---|---|
| $T_9 = T_1 + 40℃ =$ | $L_9 =$ |
| $T_{10} = T_1 + 45°C =$ | $L_{10} =$ |

**【注意事项】**

1. 安装千分表时须适当将其固定（以表头无转动为准）且保证它与被测物体有良好的接触（读数在 $0.2 \sim 0.3mm$ 处较为适宜）。

2. 因伸长量极小，故仪器不应有振动。

3. 千分表测头需保持与实验样品在同一直线上。

**【问题与反思】**

1. 试分析哪一个量是影响实验结果精度的主要因素。

2. 试举出几个在日常生活和工程技术中应用线胀系数的实例。

3. 若实验中加热时间过长，仪器支架受热膨胀，对实验结果有何影响？

# 实验十　冷却法测定金属的比热容

## 【知识准备】

1. 常见的输运现象。

2. 牛顿冷却定律。

## 【实验目的】

1. 研究物体冷却规律。

2. 学习测量金属比热容的一种方法。

## 【实验仪器】

YJ - RZT - 2 数字智能化热学综合实验平台、恒温加热盘待测材料（铁盘）、胶木垫板、测量探头、底座、天平、标准材料（铝盘）。

## 【仪器简介】

冷却法测定金属比热容的实验装置如图 1 所示。

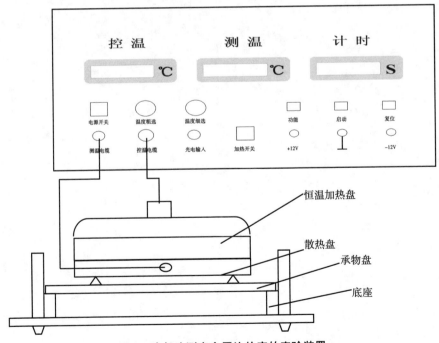

**图 1　冷却法测定金属比热容的实验装置**

**【实验原理】**

物体的表面温度为 $T_1$，周围环境温度为 $\theta_1$。当 $T_1 - \theta_1$ 值固定时，由牛顿冷却定律可知该物体的热损失率为：

$$\frac{\mathrm{d}Q}{\mathrm{d}t} = A_1 S_1 (T_1 - \theta_1)^n \tag{1}$$

式（1）中，$S_1$ 为物体的表面积；$A_1$ 为与表面状况有关的系数；$n$ 为由实验确定的参数，与 $T_1$、$\theta_1$ 的范围有关。

由物理热容及比热容的定义可知，当物体温度升高 $\mathrm{d}T_1$ 时，它所吸收的热量为：

$$\mathrm{d}Q = C_{s1} \mathrm{d}T_1 = C_1 m_1 \mathrm{d}T_1 \tag{2}$$

式（2）中，$C_{S1}$、$C_1$、$m_1$ 分别为物体热容、比热容及质量。当物体很薄时，可近似认为物体各处的温度均匀。由式（1）、式（2）可得：

$$C_1 m_1 \frac{\mathrm{d}T_1}{\mathrm{d}t} = A_1 S_1 (T_1 - \theta_1)^n \tag{3}$$

取另一种金属样品，也有相同的公式，即：

$$C_2 m_2 \frac{\mathrm{d}T_2}{\mathrm{d}t} = A_2 S_2 (T_2 - \theta_2)^n \tag{4}$$

若实验过程中保持环境温度恒定，即 $\theta_1 = \theta_2$；两样品有相同的温度，即 $T_1 = T_2$；设两样品的形状、大小以及表面状况都相同，即 $S_1 = S_2$、$A_1 = A_2$，则有：

$$C_1 m_1 \frac{\mathrm{d}T_1}{\mathrm{d}t} = C_2 m_2 \frac{\mathrm{d}T_2}{\mathrm{d}t} \tag{5}$$

若已知样品 1 的比热容 $C_1$，则样品 2 的比热容为：

$$C_2 = \frac{C_1 m_1 \dfrac{\mathrm{d}T_1}{\mathrm{d}t}}{m_2 \dfrac{\mathrm{d}T_2}{\mathrm{d}t}} \tag{6}$$

可用天平称得样品质量 $m_1$、$m_2$；实验测量并用作图法求得冷却速率 $\dfrac{\mathrm{d}T}{\mathrm{d}t}$；利用式（6）可求得 $C_2$，由于此式应用了一定的近似条件，故所得值存在系统误差。

用式（6）测量固体比热容的关键是求 $\dfrac{\mathrm{d}T_1}{\mathrm{d}t} \Big/ \dfrac{\mathrm{d}T_2}{\mathrm{d}t}$ 的值，为此要测量一段时间内的温度变化过程，然后由 $T$—$t$ 图求出标准样品和待测样品的温度变化率。

**【实验内容及步骤】**

1. 称量样品质量。用天平称量标准样品和待测样品的质量（以铝盘为标准样品、铁盘为待测样品）。

铝在25℃时的比热容 $C_1$ 为 0.904J·$g^{-1}$·$℃^{-1}$（0.216 cal·$g^{-1}$·$℃^{-1}$）。

2. 测量标准样品的冷却曲线。按图 1 所示安装实验装置，顺时针调节"温度粗选"和"温度细选"旋钮到底，打开加热开关，用加热盘对标准样品加热，同时监视样品温度，达 70.0℃时停止加热，并将加热盘移开，使样品自然冷却，同时开始记录温度 $T_1$ 和对应时间 $t_1$。初始时由于样品温度与室温差别较大，降温较快，所以记录点要略密些。随着样品降温，温差变小，变化缓慢，记录时间间隔可加大。当温度约为 50℃时，停止测量。

3. 测量待测样品的冷却曲线。实验内容及步骤同上。注意实验条件要与前者相同。本实验只要求测量一组数据。

计算待测样品的比热容 $C$ 值，若误差太大，要分析原因并重新测量。

**【数据及处理】**

1. 样品质量：$M = $ _____ g。

2. 标准样品 70.0℃下降到 50℃的冷却曲线。

3. 标准样品由 70.0℃下降到 50℃所需时间（单位为 s）。

4. 待测样品 70.0℃下降到 50℃的冷却曲线。

5. 标准样品由 70.0℃下降到 50℃所需时间（单位为 s）。

6. 以铝为标准：

$$c_2 = c_1 \frac{M_1(\Delta t)_2}{M_2(\Delta t)_1} = \underline{\qquad}。$$

**【注意事项】**

1. 金属样品在自然冷却时必须将热源移去。

2. 金属样品加热时温度较高，取放时必须用镊子，避免烫伤。

**【问题与反思】**

1. 比热容的定义是什么？单位是什么？

2. 如何求出两种金属在同一温度点的冷却速率？

# 实验十一　液体比热容的测定

## 【知识准备】

1. 比热容的定义。
2. 热量的单位和实质。
3. 热力学第一定律。

## 【实验目的】

用电热法测定液体的比热容。

## 【实验仪器】

YJ－RZT－2数字智能化热学综合实验平台、量热器、数字温度计（测温探头或温度传感器）、天平、加热电阻器、连接线若干。

## 【仪器简介】

测定液体比热的实验装置如图1所示。

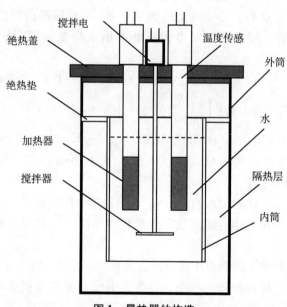

搅拌电

绝热盖

温度传感

外筒

绝热垫

水

加热器

隔热层

搅拌器

内筒

图1　量热器的构造

**【实验原理】**

1. 基本原理。

孤立的热学系统在温度从 $T_1$ 升到了 $T_2$ 时的热量 $Q$ 与系统内各物质的质量 $m_1$，$m_2$…和比热容 $c_1$，$c_2$…以及温度变化 $T_1 - T_2$ 有如下关系：

$$Q = (m_1 c_1 + m_2 c_2 + \cdots)(T_2 - T_1) \tag{1}$$

式（1）中，$m_1 c_1$，$m_2 c_2$…是各物质的热容量。

在进行物质比热容的测量中，除了被测物质和可能用到的水外，还会有其他诸如量热器、搅拌器、温度传感器等物质参与热交换。为了方便，通常把这些物质的热容量用水的热容量来表示。如果用 $m_x$ 和 $c_x$ 分别表示某物质的质量和比热容，$c_1$ 表示水的比热容，就应当有 $m_x c_x = c_1 \omega$。式中 $\omega$ 是用水的热容量表示该物质的热容量后"相当"的质量，我们把它称为"水当量"。

2. 实验公式。

在量热器中装入质量为 $m_1$、比热容为 $c_1$ 的待测液体（如水），当通过电流 $I$ 时，根据焦耳—楞次定律，量热器中电阻产生的热量为：

$$Q = IUt \tag{2}$$

式（2）中，$I$ 为电流强度，$U$ 为电压，$t$ 为通电时间。

如果量热器中液体（包括量热器及其附件）的初始温度为 $T_1$，在吸收了加热器释放的热量 $Q$ 后，终了的温度为 $T_2$。$m_2$ 为量热器内筒的质量，$c_2$ 为量热器内筒的比热容，搅拌器和温度传感器等用水当量 $\omega$ 表示，水的比热容为 $c_1$，则有：

$$UIt = (c_1 m_1 + c_2 m_2 + c_1 \omega)(T_2 - T_1)$$

$$c_1 = \left[\frac{IUt}{T_2 - T_1} - c_2 m_2\right] / (m_1 + \omega) \tag{3}$$

不锈钢在25℃时的比热容 $C_2$ 为 0.502J · $g^{-1}$ · ℃$^-$（$^1$0.120 cal · $g^{-1}$ · ℃$^{-1}$），水在25℃时的比热容 $c_1$ 为 4.173 J · $g^{-1}$ · ℃$^{-1}$（0.9970cal · $g^{-1}$ · ℃$^{-1}$）。

**【实验内容及步骤】**

1. 用天平称出量热器中水的质量 $m_1$ 和量热器内筒的质量 $m_2$。

2. 将测温电缆和搅拌电缆与数字智能化热学综合实验平台面板上对应的电缆座连接好。

3. 打开电源开关，调节恒压调节钮，使其恒压输出 12V 左右。

4. 按照图 2 连接好加热器电路，将测温电缆和搅拌电机电缆与数字智能化热学综合实验平台面板上对应的电缆座连接好，安装好搅拌电机、测温探头、加热器。

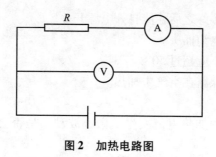

**图 2 加热电路图**

5. 打开搅拌开关，记录系统温度 $T_1$。

6. 接上加热电阻的连线，同时按动计时器的启动键，加热的同时开始计时，并计下此时加热电阻两端的电压和流过的电流。

7. 每过 60.0 秒记录一次加热电阻两端的电压和流过的电流值，通电 5 分钟后，拔掉加热电阻的连线（在通电过程中要不断搅拌），断电后仍要继续搅拌，待温度不再升高记录其最高温度 $T_2$。

8. 关闭搅拌开关、电源开关，轻轻拿出温度计、搅拌器、加热器，将量热器内筒的水倒出，备用。

9. 重复测量 3~5 次，取平均值。

**【数据及处理】**

1. 记录数据，并将数据填入表 1。

表 1                         实验数据记录表

| $m_1$ (g) | $m_2$ (g) | $T_1$ (℃) | $T_2$ (℃) | $U$ (V) | $I$ (A) | $t$ (s) | $c_1$ (J·g$^{-1}$·℃$^{-1}$) |
|---|---|---|---|---|---|---|---|
| | | | | | | | |
| | | | | | | | |
| | | | | | | | |
| | | | | | | | |
| | | | | | | | |

2. 按式（3）求出待测液体的比热容，并与公认值相比较求出百分误差。量热器的水当量 $\omega$ 由实验室提供（本量热器的水当量 $\omega = 6.68g$）。

**【注意事项】**

1. 供电电源插座必须良好接地。

2. 在整个电路连接好之后才能打开电源开关。

3. 严禁带电插拔电缆插头。

4. 仪器加热温度不应超过 50℃。

5. 切勿将加热器裸露在空气中加热。

【问题与反思】

1. 如果实验过程中加热电流发生了微小波动，是否会影响测量的结果？为什么？如何处理？

2. 实验过程中量热器不断向外界传导和辐射热量，这两种形式的热量损失是否会引起系统误差？为什么？

# 实验十二　静电场描绘

【知识准备】

1. 静电场与稳恒电流场的特点和性质。

2. 欧姆定律的微分形式。

【实验目的】

1. 了解用模拟法测绘静电场分布的原理。

2. 用模拟法测绘静电场的分布，做出等位线和电场线。

【实验仪器】

静电场描绘仪、静电场描绘仪电源、电极、连接线。

【实验原理】

带电体的周围存在电场，电场的分布可用电场强度 $E$ 来表征。由于带电体形状复杂，大多数情况下求不出电场分布的解析解，只能靠数值解法求出或用实验方法测出电场分布。实验中，直接用电压表测量静电场的分布有很大的困难，因为静电场中没有电流，并且仪器探头的接入会影响原有的电场分布。所以，实验时常采用"模拟法"来间接测绘静电场的分布，即仿造一个电流场来模拟静电场。

1. 用稳恒电流场模拟静电场。

模拟法本质上是用一种易于实现、便于测量的物理状态或过程模拟不易实现、不便测量的物理状态或过程，它要求这两种状态或过程有一一对应的两组物理量，而且这些物理量在两种状态或过程中满足数学形式基本相同的方程及边界条件。

本实验是用便于测量的稳恒电流场来模拟不便测量的静电场，这是因为这两种场在一定条件下具有相似的空间分布，可以用两组对应的物理量来描述。由电磁学理论可知，无自由电荷分布的各向同性均匀电介质中的静电场的电位与不含电源的各向同性均匀导体中稳恒电流场的电位所遵从的物理规律具有相同的数学表达式。在相同的边界条件下，这两种场的电位分布相似，因此只要选择合适的模型，一定条件下用稳恒电流场去模拟静电场是可行的。

电流场中有许多电位彼此相等的点，测出这些电位相等的点，描绘成面就是等位面，这些面也是静电场中的等位面。当等位面变成等位线，根据电场线和等位线正交的关系，即可画出电场线，这些电场线上每一点的切线方向就是该点电场的方向，这样就可以用等位线和电场线形象地表示静电场的分布。

2. 同轴圆柱面的电场分布。

一圆柱形同轴电缆，设内圆柱的半径为 $a$，电位为 $V_a$；外圆环的半径为 $b$，电位为 $V_b$，则两极间电场中距离轴心为 $r$ 处的电位 $V_r$ 可表示为：

$$V_r = V_a - \int_a^r E \cdot \mathrm{d}r \tag{1}$$

根据高斯定理，圆环内 $r$ 点的场强为：

$$E = K/r \quad (\text{当 } a < r < b \text{ 时}) \tag{2}$$

式（2）中 $K$ 由圆环的电荷密度决定。

将式（2）代入式（1），有：

$$V_r = V_a - \int_a^r \frac{K}{r}\mathrm{d}r = V_a - K\ln\frac{r}{a} \tag{3}$$

在 $r = b$ 处应有 $V_b = V_a - K\ln\dfrac{b}{a}$，所以 $K = \dfrac{V_a - V_b}{\ln\dfrac{b}{a}}$ （4）

如果取 $V_a = V_0$，$V_b = 0$，将式（4）代入式（3），得到：

$$V_r = V_0 \frac{\ln\dfrac{b}{r}}{\ln\dfrac{b}{a}} \tag{5}$$

式（5）决定等位线沿 $r$ 分布的规律，用模拟法可以验证这一理论计算结果。

现在要设计一稳恒电流场来模拟同轴带电圆柱面的电场，其要求为：

（1）设计的电极与带电圆柱面电极的形状和分布相似，并具有相同的边界条件。

（2）导电介质的电阻率比电极要大得多，各向同性且均匀分布。当两个电极间施加电压时，其中间形成一稳恒电流场。

为了仿造一个与静电场分布相似的模拟场，我们设计出的装置称为"模拟模型"。模拟同轴圆柱面的模型是把圆柱形金属电极 $A$ 和圆环形金属电极 $B$ 同心地置于一层均匀的导电介质中，如图 1 所示。

3. 两平行导线的电场分布。

图 2 所示是两平行长直圆柱体模拟电极间的电场分布示意图，由于对称性，等电位面也是对称分布的，电场分布图如图 2 所示。

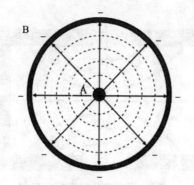

**图 1　同轴圆柱面的电场分布**

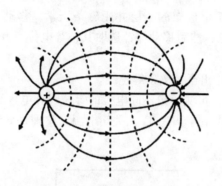

**图 2　平行导线的电场分布**

　　做实验时，以导电率合适的自来水或导电纸为导电质，若在两电极上加一定的电压，可以测出两点电荷的电场分布。

　　4. 聚焦电极的电场分布。

　　示波管的聚焦电场是由第一聚焦电极 $A_1$、第二加速电极 $A_2$ 组成。$A_2$ 的电位比 $A_1$ 的电位高。从电子枪散发出的热电子经过此电场时，由于受到电场力的作用，使电子聚焦和加速，图 3 所示的就是其电场分布，$Z$ 轴为电场中心轴线。通过此实验，可了解静电透镜的聚焦作用，加深对阴极射线示波管的理解。

**【实验内容和步骤】**

　　1. 先作同轴圆柱面的电场分布，测量电路见图 4，线路接好后经教师检查方可通电。

　　2. 将静电场描绘电源上"测量"与"输出"转换开关打向"输出"端，调节电压到 10V。

　　3. 然后将"测量"与"输出"转换开关打向"测量"端。

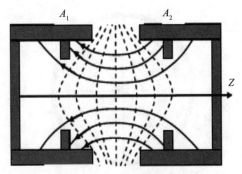

图 3　聚焦电极的电场分布

4. 将坐标纸平铺于电极架的上层并用磁条压紧，移动双层同步探针选择电位点，压下上探针打点，然后移动探针选取其他等电位点并打点，即可描出一条等位线。

5. 本实验要求测绘出至少 7 条等位线。

6. 重复步骤 4、5，可测绘出不同电极的等位线和电场线。

7. 测试结束将输出电压调为 0V，关闭电源，整理好导线和电极。

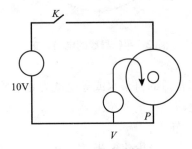

图 4　测量电路图

【数据及处理】

1. 用光滑的虚线将测得的各电位相同的点连成等位线，并标出每条等位线对应的电位值。

2. 在测得的电位分布图上画出至少 8 条电场线，注意电场线的箭头方向，以及电场线与等位线的正交关系。

3. 处理同轴电缆的测绘结果，要将坐标纸上各等位线的电位值及相应圆环半径的平均值填入表 1，由此作出 $V_r - r$ 曲线，并与计算结果相比较。

表 1　　　　　　　　　　　　同轴电缆 $V_r - r$ 数据

| $V_r$（V） | | | | | | | | | | |
|---|---|---|---|---|---|---|---|---|---|---|
| $\bar{r}$（cm） | | | | | | | | | | |

**【注意事项】**

1. 水盘内各处水深要相同（为什么？），但不要太深，以 5mm 左右为宜。

2. 测绘前先分析一下电极周围等位线的形状，以便有目的地进行探测。

3. 操作时，右手平稳地移动探针架，同时注意保持探针 $P$、$P'$ 处于同一铅垂线上，以免测绘结果失真。

4. 为保证测绘的准确性，每条等位线上不得少于 10 个测量点。

**【问题与反思】**

1. 将电极间电压的正负极交换一下，绘出的等位线有变化吗？

2. 如果本实验中电源电压不稳定，是否会影响测量值？

3. 描绘等位线时应注意哪些问题？

# 实验十三　电学元件的伏安特性测量

**【知识准备】**

1. 常见电学元件的种类和特点。

2. 电压源、电流表、电压表的使用。

**【实验目的】**

1. 验证欧姆定律。

2. 掌握测量伏安特性的基本方法。

3. 学会直流电源、电压表、电流表等仪器的正确使用方法。

**【实验仪器】**

FB321 型电阻元件 V—A 特性实验仪一台（测试元件、专用连接线等）。

**【实验原理】**

1. 电学元件的伏安特性。

在某一电学元件两端加上电压，元件内就会有电流通过，通过元件的电流与端电压之间的关系称为电学元件的伏安特性。在欧姆定律 $U = I \cdot R$ 式中，电压 $U$ 的单位为伏特，电流 $I$ 的单位为安培，电阻 $R$ 的单位为欧姆。一般以电压为横坐标、电流为纵坐标作出元件的电压—电流关系曲线称为该元件的伏安特性曲线。如果通过元件的电流与加在元件两端的电压成正比关系变化，即其伏安特性曲线为一直线，如图 1 所示，这类元件称为线性元件。如果通过元件的电流与加在元件两端的电压不成线性关系变化，其伏安特性曲线为一曲线，如图 2 所示，这类元件称为非线性元件，如半导体二极管、稳压管等元件。

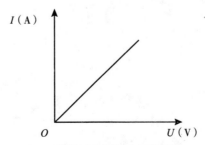

**图 1　线性元件的伏安特性曲线**

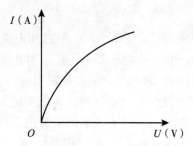

**图2　非线性元件的伏安特性曲线**

2. 实验线路的比较与选择。

在测量电阻 $R$ 的伏安特性的线路中，常有两种接法，即图3（a）电流表内接法和图3（b）电流表外接法。电压表和电流表都有一定的内阻（分别设为 $R_V$ 和 $R_A$），简化处理时直接用电压表读数 $U$ 除以电流表读数 $I$ 来得到被测电阻值 $R$，即 $R = U/I$，这样会引进一定的系统性误差。

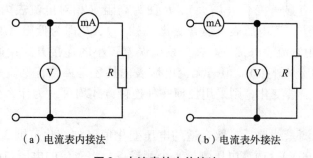

（a）电流表内接法　　　　　　　（b）电流表外接法

**图3　电流表的内外接法**

当电流表内接时，电压表读数比电阻端电压值大，即有：

$$R = \frac{U}{I} - R_A \tag{1}$$

当电流表外接时，电流表读数比电阻 $R$ 中流过的电流大，这时应有：

$$\frac{1}{R} = \frac{I}{U} - \frac{1}{R_V} \tag{2}$$

在式（1）和式（2）中，$R_A$ 和 $R_V$ 分别代表电流表和电压表的内阻。比较电流表的内接法和外接法，如果简单地用 $U/I$ 值作为被测电阻值，电流表内接法的结果偏大，而电流表外接法的结果偏小，都有一定的系统性误差。在需要做这样简化处理的实验场合，为了减少上述系统性误差，测量电阻的线路方案可以粗略地按下列办法来选择：

（1）当 $R \ll R_V$，且 $R$ 较 $R_A$ 大得不多时，宜选用电流表外接；

（2）当 $R \gg R_A$，且 $R$ 和 $R_V$ 相差不多时，宜选用电流表内接；

（3）当 $R \gg R_A$，且 $R \ll R_V$ 时，则必须先分别用电流表内接法和外接法测量，然后再比较电流表的读数变化大还是电压表的读数变化大，根据比较结果再决定采用内接法还是外接法，具体方法见本实验的实验内容部分。

**【实验内容和步骤】**

1. 测定线性电阻的伏安特性，作出伏安特性曲线，根据曲线求出电阻值。

（1）按图 4 接线，并将直流稳压电源的输出电压旋钮逆时针旋到底，选择电源的输出电压档为 10V，经老师检查无误后方可打开电源。

（2）选择测量线路。按图 4（a）连接线路并合上 $K_1$，调节分压输出滑动端 C 使电压表（可设置电压值 $U_1 = 2.00V$）和电流表有一合适的指示值，记下这时的电压值 $U_1$ 和电流值 $I_1$。然后，再按图 4（b）连接线路并合上 $K_1$，记下 $U_2$ 和 $I_2$。将 $U_1$、$I_1$ 与 $U_2$、$I_2$ 的数据填入表 1，求得电阻 $R_1$、$R_2$，并进行比较，若电流表示值有显著变化（增大），$R$ 便为高阻（相对电流表内阻而言），采用电流表内接法。若电压表有显著变化（减小），$R$ 即为低阻（相对电压表内阻而言），采用电流表外接法。按照系统误差较小的连接方式接通电路（即确定电流表内接还是外接）。但若无论电流表内接还是外接，电流表示值和电压表示值均没有显著变化，则采用任何一种连接方式均可（为什么会产生这样的现象？）。

（3）选定测量线路后，取合适的电压变化值（如变化范围 3.00 ~ 10.00V，变化步长为 1.00V），改变电压测量 8 个测量点，将对应的电压与电流值记录在表 2 中，以便作图。

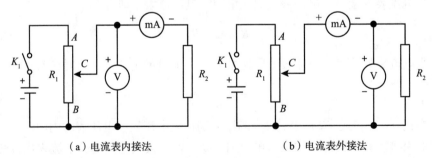

（a）电流表内接法　　　　　　　　　（b）电流表外接法

**图 4　判断电流表的内外接**

2. 测定二极管正向伏安特性，并画出伏安特性曲线因为二极管正向电阻小，可用图5所示的电路，注意二极管的正负极。图5中 $R$ 为保护电阻，用以限制电流，避免电压到达二极管的正向导通电压值时电流太大，损坏二极管或电流表。接通电源前应调节电源使其输出电压为 0，然后缓慢增加电压，如取 0.00V、0.10V、0.20V……（到电流变化大的地方，如硅管约 0.6~0.8V 适当减小测量间隔），读出相应电流值，将数据记入表 3。最后关断电源（此实验硅管电压范围在 1.0V 以内，电流应小于最大正向额定电流，可据此选用电表量程）。

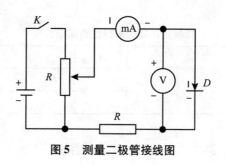

图 5　测量二极管接线图

**【数据及处理】**

1. 线性电阻伏安特性的测定。

（1）测量线路的选择及误差分析。

表1　　　　　　　　　　　电流表内、外接数据对比表

| 电流表内接 | $U_1$（V） | $I_1$（mA） | $R_1 = \dfrac{U_1}{I_1}$（Ω） |
|---|---|---|---|
| | | | |
| 电流表外接 | $U_2$（V） | $I_2$（mA） | $R_2 = \dfrac{U_2}{I_2}$（Ω） |
| | | | |

将 $U_1$、$I_1$ 与 $U_2$、$I_2$ 进行直接比较，可以确定电流表内接还是外接。

（2）电阻伏安特性测定。

表2                    电阻元件伏安特性测量记录表

| 测量序数 | 1 | 2 | 3 | 4 | 5 | 6 | 7 | 8 |
|---|---|---|---|---|---|---|---|---|
| $U$（V） | | | | | | | | |
| $I$（mA） | | | | | | | | |

　　按上表2数据作图，画出电阻的伏安特性曲线，并求出电阻值。

　　2. 二极管正向伏安特性曲线测定。

表3                    二极管正向伏安特性测量记录表

| 测量序数 | 1 | 2 | 3 | 4 | 5 | 6 | 7 | 8 |
|---|---|---|---|---|---|---|---|---|
| $U$（V） | | | | | | | | |
| $I$（mA） | | | | | | | | |

　　按表3数据作图，画出二极管正向伏安特性曲线。

【注意事项】

　　1. 注意用电安全。

　　2. 注意保护仪器，所有电路电源接通前，将电压输出旋钮逆时针旋到底。

　　3. 在使用电压表和电流表的过程中，要选择好合适的量程，注意不要超量程使用。

【问题与反思】

　　1. 电流表或电压表面板上的符号各代表什么意义？电表的准确度等级是怎样定义的？

　　2. 怎样确定电表读数的示值误差和读数的有效数字？

# 实验十四　惠斯登电桥测电阻

【知识准备】

1. 平衡电桥。
2. 理解电桥平衡满足的条件。

【实验目的】

1. 熟悉用惠斯登电桥测电阻的原理。
2. 掌握 QJ45 型箱式惠斯登电桥的使用方法。
3. 掌握初步的焊接知识和技能。

【实验仪器】

惠斯登电桥、电阻若干、焊接设备。

【仪器简介】

QJ45 型惠斯登电桥是一种精密的电工仪器。图 1 为 QJ45 型电桥的面板。说明如下：

（1）RVM 转换开关，在作电桥使用时应在 R 处。

（2）脉冲电流检测法用"接入""断开"开关，本试验中不用。R 接线柱和接地接线柱本实验不用。

（3）灵敏检流计使用前应调零。

（4）4 个权重分别为 ×1、×10、×100、×1000 的旋钮组成比较臂 R。

（5）读数为分数形势的旋钮为比例臂 R1/R2。

（6）比例臂上边和右边 G 按钮和 B 按钮分别为外接高灵敏度检流计端和外接高电动势端。

（7）比较臂下右为检流计分流系按钮，下左为待测电阻接线端。

【实验原理】

惠斯登电桥是一种测量电阻的精密仪器，图 2 为其测量原理图。$R_1$、$R_2$、$R$、$R_x$ 为四个桥臂上的电阻，$G$ 为检流计，$E$ 为直流电源，$K$ 为开关。各支路电流如图 2 中箭头所示。当调节电桥使检流计 $G$ 上的电流为零时，电桥达到平衡。这时：

$$U_{AC} = U_{AD} 即 I_4 R_x = I_1 R_1 \tag{1}$$

$$U_{CB} = U_{DB} 即 I_3 R = I_2 R_2 \tag{2}$$

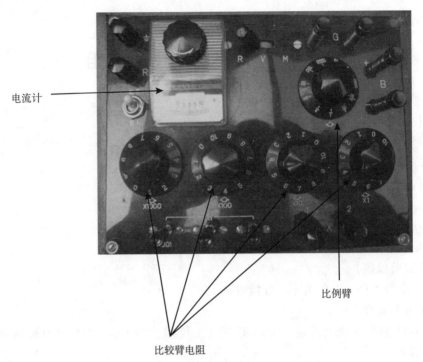

电流计

比较臂电阻

比例臂

**图1    QJ45 型电桥面板**

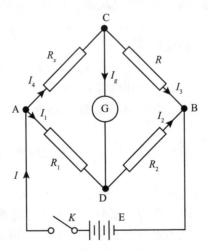

**图2    惠斯登电桥原理图**

电桥平衡时（$I_g = 0$），$I_4 = I_3$，$I_1 = I_2$，将其代入式（1）除式（2）的结果

可得:

$$R_x = \frac{R_1}{R_2}R \tag{3}$$

在式（3）中，$R_1/R_2$ 被称为电桥比例臂，$R$ 被称为电桥比较臂，$R_x$ = 比例臂×比较臂。如果 $R_1$、$R_2$ 和 $R$ 都是已知的，那么可算出待测电阻 $R_x$。测量精度主要受检流汁 $G$ 和 $R_1$、$R_2$ 及 $R$ 的精度的影响。

【实验内容和步骤】

1. 用万用表粗测待测电阻的大概阻值，依据比例臂的选择范围选择合适的比例臂（比例臂的选取原则：使比较臂的四个旋钮都起作用）。

2. 将仪器摆好，将灵敏电流计指针调零，把被测电阻接在接线柱上。

3. $S$ 开关板向接入，电链板向 $R$。

4. 设置初始比较臂电阻 $R$ 的 4 个权重，即 ×1、×10、×100、×1000 各个的初始值。比如先将 $R \times 1000$ 置 1，$R \times 100$、$R \times 10$、$R \times 1$ 三个旋钮置 0，按下检流计 0.01 按钮，若指针偏转剧烈应立即松开，依据：指针向右偏转则表示此时比较臂 $R$ 偏小，若指针往左偏转则表示此时比较臂 $R$ 偏大，依次调节比较臂旋钮 $R \times 1000$、$R \times 100$、$R \times 10$、$R \times 1$，直到检流计指针在零线上无偏转为止。此时四个旋钮示数电阻之和就是比较臂 $R$ 的值。

5. 求得电阻：$R_x = \frac{R_1}{R_2}R$，即比例臂×比较臂。$R$ = 待测电阻阻值。

6. 换另一个电阻重复上述步骤。

7. 将两个电阻焊接串联，测量串联电阻值；将两个电阻并联，测量并联电阻值。要求相对误差不超过 1%。

【数据及处理】

将测量数据填入表 1 中。

表1                                      待测电阻的测量

| 待测电阻 | 粗测 | 比例臂 | 比较臂电阻 | 测量值 |
|---|---|---|---|---|
| $R_{x1}$ | | | | |
| $R_{x2}$ | | | | |
| $R_{x1}$ 和 $R_{x2}$ 串联 | | | | |
| $R_{x1}$ 和 $R_{x2}$ 并联 | | | | |

**【注意事项】**

1. 调节电流计 $G$ 按钮（0.01，0.1，1）时应先粗调（0.01），再进行细调（0.1，1），次序不能颠倒。

2. 按下按钮时需迅速放开，只瞬间接通电路，保护电流计，最后指针偏转极其细微时，可长时间（3~5秒）按住按钮，以观察指针偏转。

3. 串并联测量时，需焊接，正确使用电烙铁并注意使用安全。

**【问题与反思】**

1. 对实验的系统误差和随机误差进行分析，提出减小误差改进实验的方法措施。

2. 了解惠斯登电桥的其他用途、原理。

# 实验十五　非平衡直流电桥的原理和应用

**【知识准备】**

1. 电桥的原理与应用。

2. 电阻温度系数的定义和物理意义。

**【实验目的】**

1. 掌握直流单臂电桥（惠斯登电桥）测量电阻的基本原理和操作方法。

2. 学习非平衡直流电桥电压输出方法（卧式电桥）测量电阻的基本原理和操作方法。

3. 用非平衡直流电桥电压输出方法（卧式电桥）测量各温度铜电阻及电阻温度系数。

**【实验仪器】**

FQJ－Ⅲ型教学用非平衡直流电桥、FQJ 非平衡电桥加热实验装置。

**【实验原理】**

FQJ－Ⅲ型教学用非平衡直流电桥包括单臂直流电桥和非平衡直流电桥，下面对它们的工作原理分别进行介绍。

1. 单臂电桥（惠斯登电桥）。

单臂电桥是平衡电桥，其原理如图 1 所示，图 2 为 FQJ－Ⅲ型的单臂电桥部分的接线示意图。

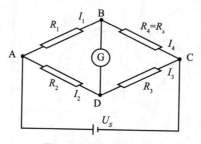

**图 1　单臂电桥原理图**

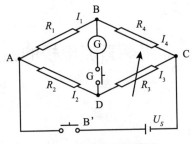

**图2 单臂电桥测试图**

图1中：$R_1$、$R_2$、$R_3$、$R_4$ 构成一电桥，A、C 两端提供一恒定桥压 $U_S$，B、D 之间有一检流计 G，当电桥平衡时，G 无电流流过，B、D 两点为等电位，则：

$U_{BC} = U_{DC}$，$I_1 = I_4$，$I_2 = I_3$，$I_1 R_1 = I_2 R_2$，$I_3 R_3 = I_4 R_4$，于是有：

$$\frac{R_1}{R_2} = \frac{R_4}{R_3} \tag{1}$$

如果 $R_4$ 为待测电阻 $R_x$，$R_3$ 为标准比较电阻，$K = R_1/R_2$，称其为比率（一般惠斯登电桥的 $K$ 有 0.001、0.01、0.1、1、10、100、1000 等。本电桥的比率 $K$ 可以任选）。根据待测电阻大小，选择 $K$ 后，只要调节 $R_3$，使电桥平衡，检流计为 0，就可以得到待测电阻 $R_x$ 的值：

$$R_x = \frac{R_1}{R_2} R_3 = K R_3 \tag{2}$$

2. 非平衡电桥。

非平衡电桥原理如图3所示。

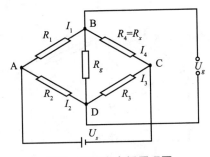

**图3 非平衡电桥原理图**

当负载电阻 $R_g \to \infty$，即电桥输出处于开路状态时，$I_g = 0$，仅有电压输出，并用 $U_0$ 表示。根据分压原理，ABC 半桥的电压降为 $U_S$，通过 $R_1$、$R_4$ 两臂的电流为：

$$I_1 = I_4 = \frac{U_S}{R_1 + R_4}$$

则 $R_4$ 上的电压降为：$U_{BC} = \dfrac{R_4}{R_1 + R_4}U_S$ （3）

同理 $R_3$ 上的电压降为：$U_{DC} = \dfrac{R_3}{R_2 + R_3}U_S$ （4）

输出电压 $U_0$ 为 $U_{BC}$ 与 $U_{DC}$ 之差：

$$U_0 = U_{BC} - U_{DC} = \frac{R_4}{R_1 + R_4}U_S - \frac{R_3}{R_2 + R_3}U_S = \frac{R_2 R_4 - R_1 R_3}{(R_1 + R_4)(R_2 + R_3)}U_S \quad (5)$$

当满足条件 $R_1 R_3 = R_2 R_4$ 时，电桥输出 $U_0 = 0$，即电桥处于平衡状态。式（5）就是电桥的平衡条件。为了测量的准确性，在测量的起始点，电桥必须调至平衡，称为预调平衡。这样输出电压只与某一臂电阻变化有关。若 $R_1$、$R_2$、$R_3$ 固定，$R_4$ 为待测电阻，$R_4 = R_x$，则当 $R_4 \rightarrow R_4 + \Delta R$ 时，因电桥不平衡而产生的电压输出为：

$$U_0 = \frac{R_2 R_4 + R_2 \Delta R - R_1 R_3}{(R_1 + R_4)(R_2 + R_3) + \Delta R(R_2 + R_3)}U_S \quad (6)$$

当电阻增量 $\Delta R$ 较小时，即满足 $\Delta R \ll R_x$ 时，式（6）的分母中含 $\Delta R$ 项可略去，公式（6）得以简化，对于卧式电桥有 $R_1 = R_4 = R$，$R_2 = R_3 = R'$，输出电压公式为：

$$U_0 = \frac{U_S}{4}\frac{\Delta R}{R} \quad (7)$$

通过上述公式运算得 $\Delta R$，从而求得 $R_X = R + \Delta R$。

**【实验内容和步骤】**

1. 用直流单臂电桥测量室温铜电阻。

（1）将"双桥量程倍率选择"开关置于"单桥"位置，"功能、电压选择"开关置于"单桥5V"或"单桥15V"位置，并接通电源。

（2）在 $R_x$ 与 $R_{x1}$ 之间接上被测电阻，将 $R_1$、$R_2$ 测量盘打到适当的数字（即选择合适的倍率），按下 $G$、$B$ 按钮，调节 $R_3$，使电桥平衡（电流表为0）。

（3）记录 $R_3$ 和室温，数据填入表1，求出室温下的铜电阻值。

2. 用卧式电桥测量各温度铜电阻及电阻温度系数。

（1）确定各桥臂电阻值。设室温时的铜电阻值为 $R_0$（由步骤1测得），调节 $R_1$ 使 $R_1 = R_4 = R_0$，选择 $R' = R_2 = R_3 = 30\Omega$（供参考，可自行设计）。

（2）预调平衡，将待测电阻接至 $R_x$，$R_2$，$R_3$ 调至 $30\Omega$，$R_1$ 调至 $R_0$，功能转

换开关转至电压输出，$G$、$B$ 按钮按下，微调 $R_1$ 使电压 $U_0 = 0$。

（3）开始升温，每 5℃测量 1 个点，同时读取温度 $t$ 和输出电压 $U_0(t)$，将数据填入表 2。

**【数据及处理】**

1. 直流单臂电桥测量室温铜电阻。

**表 1**           **室温下的铜电阻值**

| 室温 $t$（℃） | $R_3$（Ω） | $R_x$（Ω） |
|---|---|---|
|  |  |  |

2. 卧式电桥测量各温度铜电阻。

$U_s =$ _____；$R_0$（室温）$=$ _____。

**表 2**           **不同温度下的电压值及铜电阻值**

| $t$（℃） |  |  |  |  |  |  |  |  |
|---|---|---|---|---|---|---|---|---|
| $U_0$（mV） |  |  |  |  |  |  |  |  |
| $\Delta R$（Ω） |  |  |  |  |  |  |  |  |
| $R(t) = R_0 + \Delta R$（Ω） |  |  |  |  |  |  |  |  |

注：$\Delta R$（Ω）根据测量表达式计算，式中 $R = R_0$。

在坐标纸上以 $t$（℃）为横坐标、$R(t)$ 为纵坐标作图，根据所作直线求斜率 $k$ 和截距，截距即为 0℃时铜的电阻 $R_0'$，铜的电阻温度系数 $\alpha$ 可由 $\alpha = \dfrac{1}{R_0'} \cdot k$ 求出。由此写出关系表达式 $R(t) = R_0'(1 + \alpha t)$。

**【注意事项】**

1. 实验开始前，所有导线特别是加热炉与温控仪之间的信号输入线应连接可靠。

2. 传热铜块与传感器组件出厂时已由厂家调节好，不得随意拆卸。

3. 装置在加热时，应注意关闭风扇电源。

4. 实验完毕后，应切断电源。

5. 由于热敏电阻耐高温的局限，设定升温的上限值不能超过 120℃。

【问题与反思】

1. 如何正确使用加热装置？

2. 预设温度与实际温度相同吗？

3. 有人这样进行测量：先将温度设置为70℃，然后持续通电加热，此时铜的温度必然连续上升，于是他开始观察温度指示值，从室温开始每隔5℃记录一次装置上显示的电压值。请问这样的操作方式正确吗？请说明理由。

# 实验十六　示波器的原理与使用

## 【知识准备】
1. 简谐振动的合成。
2. 李萨如图形。

## 【实验目的】
1. 了解示波器的主要结构及其工作原理。
2. 掌握示波器各旋钮的作用和使用方法。
3. 掌握用示波器观察电信号的波形和李萨如图形的方法。
4. 学会用示波器测量电信号的幅度、周期（或频率）的方法。

## 【实验仪器】
CA9020 20MHZ 示波器、功率函数信号发生器、信号线、小型变压器。

## 【仪器简介】
　　示波器能够正确地显示电信号变化过程的波形，可以观察和测量电学量、磁学量及非电量转换的电信号。一般来说，示波器由电源、示波管、扫描发生器、整步电路及水平轴和垂直轴放大器五部分组成，如图 1 所示。

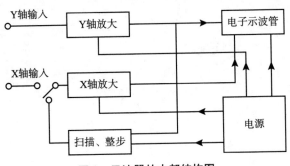

**图1　示波器的内部结构图**

　　示波管是示波器的核心部件。如图 2 所示，在高真空玻璃泡内，封装有电子枪、水平偏向板和垂直偏向板及荧光屏。

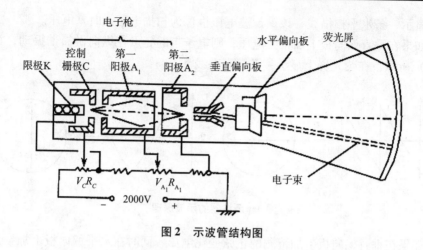

**图2 示波管结构图**

电子枪由炽热发射电子的阴极、圆筒状的控制栅极以及第一阳极和第二阳极组成。栅极相对于阴极是负电位，改变栅极电位可以控制发射电子数目，通过调节电位器（即"辉度"旋钮）来实现。电子自阴极射出后，穿过控制栅极的小孔，经过高电位的第一阳极加速后获得极高的速度，同时由于第一、第二阳极之间有电位差，它们所产生的电场能使不同方向射来的电子恰好都会聚在荧光屏上，这叫做聚焦作用。改变第一阳极电位的电位器旋钮是面板上的"聚焦"旋钮。

垂直、水平偏向板控制电子束上下及左右的偏转。由电子枪射出的电子束，在荧光屏上只能显示出一个清晰的亮点。若在垂直偏向板间加一电压，则电子束就会在两板之间的电场作用下发生偏移，使电子的位置将在 Y 轴上发生偏移。若垂直偏向板间加一周期性的交变电压，则电子束在荧光屏上将扫描出一条竖直（沿 Y 轴）的直线。同理，若水平偏向板间加一周期性的交变电压，电子将扫描出一条水平（沿 X 轴）的直线。

荧光屏涂有荧光物质，当电子射到荧光屏上时会显示出荧光，其亮度由撞击到屏上的电子数目和速度决定。因此，控制栅极的电位就控制了荧光屏上发光点的亮度。

**【实验原理】**

1. 示波器的示波原理。

如果只在水平偏向板上加锯齿波电压，如图3（a）所示，该电压由 $-U_x$ 起随时间正比地增加，到 $U_x$ 时突然降为 $-U_x$，过程中电子束在荧光屏上的亮点由左端匀速地向右运动，到右端后立即回扫到左端，然后再重复上述过程。在荧光屏上显示一条水平扫描线，该锯齿波电压也称为扫描电压或时基电压。

如果在垂直偏向板上加正弦电压，则电子束的亮点在纵向做简谐振动，如图 3（b）所示，在荧光屏上显示一条竖直亮线。

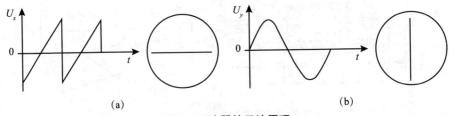

图3　示波器的示波原理

如果在垂直偏向板上加待测的正弦变化电压，同时在水平偏向板上加锯齿形电压，而且两者的周期之比是整数，即 $T_x/T_y = n$，$n = 1$，2，3，…每次扫描总是从正弦电压的同一点开始，那么亮点在荧光屏的原来位置上重复描绘，在荧光屏上将显示稳定的正弦波形。这就是示波器的示波原理。

2. 李萨如图形。

如果输入示波器的 $Y$ 轴和 $X$ 轴都是正弦电压，电子束将同时参与两种运动，那么在荧光屏上将显示两个互相垂直的正弦运动的合成图形，称为李萨如图形，如图4所示。

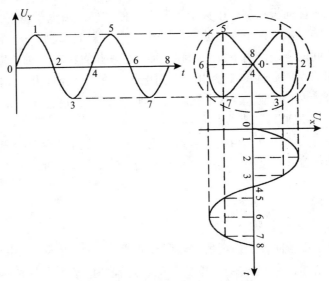

图4　利用李萨如图形测定信号频率

如果在某一李萨如图形上任意作一条水平直线和一条垂直的直线，并找出它们各自与图形相交的最多的交点数，则加在 $y$ 轴上的信号频率 $f_y$ 与加在 $x$ 轴上的信号频率 $f_x$ 之比，等于水平直线的交点数与垂直直线的交点数之比。即有

$$\frac{f_y}{f_x} = \frac{\text{水平直线上的交点数}}{\text{垂直直线上的交点数}} \tag{1}$$

如果这两个信号频率中有一个是已知的，则可由上式求出另一未知频率。如表1所示，为两频率值之比为某些整数时的几种李萨如图形。

表1                      频率比为整数比的李萨如图形

| 频率比 $f_Y : f_X$ | 相位差 $\varphi$ | | | | |
|---|---|---|---|---|---|
| | $\varphi=0$ | $\varphi=\dfrac{\pi}{4}$ | $\varphi=\dfrac{\pi}{2}$ | $\varphi=\dfrac{3\pi}{4}$ | $\varphi=\pi$ |
| 1∶1 | | | | | |
| 1∶2 | | | | | |
| 1∶3 | | | | | |
| 2∶3 | | | | | |

**【实验内容和步骤】**

1. 调节示波器，观察正弦波波形。

（1）首先观察示波器面板上各旋钮，熟悉它们的名称、作用和使用方法。了解示波器所用的电源电压，插上电源，打开电源开关，预热约1分钟后开始操作。

（2）触发方式选择自动，设置水平扫描速度开关为一中间数值（非 $X-Y$ 即可），适当调节垂直位移和水平位移，屏幕上出现一条亮线。调节"辉度"与"聚焦"，使屏上出现的水平直线清晰。垂直轴输入信号的方式选择交流，垂直方

式选择 CH1 或 CH2，垂直衰减开关调节到最大，通过探头将信号源的正弦信号接入示波器 CH1 或 CH2，调整水平扫描速度和垂直衰减开关，荧光屏上呈现稳定的大小适当的正弦波形。若图形不稳定时，可调节触发电平使图形稳定。把交流电的正弦波形描绘下来。

2. 测定小变压器三端电压。

（1）将已知试验电压 $U_0$（1V）接于"CH1（X）输入"端，调节"CH1 衰减开关"和"CH1 微调"使荧光屏上波形幅度为 $L_0$，然后拆除试验电压并保持 $X$ 轴灵敏度不变。

（2）将电源变压器的输出端或其他待测电压接入"CH1（X）输入"端，接通电源，观察并记录波形幅度 $L$，则待测电压为：

$$U = \frac{L}{L_0} U_0 \tag{2}$$

若待测电压过大，可调整垂直衰减开关，计算时应乘上所衰减的倍数。

3. 利用李萨如图形测定信号频率。

调整水平扫描速度开关到 $X - Y$ 位置，将显示精确的信号发生器产生的频率为 $f$、幅度大小适中的正弦信号接入示波器的"$X$ 轴输入"，将被测的未知正弦信号接入示波器的"$Y$ 轴输入"。再改变信号发生器的频率，使示波管的荧光屏上显示出李萨如图形，可参考下表和式（1）推算出被测信号的频率。

【数据及处理】

1. 调节示波器，观察正弦波波形。

描绘小变压器交流电的正弦波形，并测定电压和频率填入表2和表3。

2. 测定电压。

表2　　　　　　　　　　　　　测定变压器三端电压

|  | 电压（$U$） | 波形幅度（$L$） | 垂直灵敏度（$v/div$） |
|---|---|---|---|
| 标准 |  |  |  |
| 待测电压1 |  |  |  |
| 待测电压2 |  |  |  |
| 待测电压3 |  |  |  |

3. 利用李萨如图形测定信号频率。

表3　　　　　　　　　　李萨如图形测定信号频率

$f_X =$ _____ Hz

| 李萨如图形 | | | | | |
|---|---|---|---|---|---|
| 水平线的交点数 $N_X$ | | | | | |
| 垂直线的交点数 $N_Y$ | | | | | |
| $f_Y$ | | | | | |

【注意事项】

1. 荧光屏上的光点亮度不能太强，而且不能让光点长时间停留在荧光屏的某一点，尽量将亮度调暗些，以看得清为准，以免损坏荧光屏。

2. 示波器通过调节辉度和聚焦旋钮使光点直径最小以使波形清晰，减小测试误差。

3. 示波器的所有开关及旋钮均有一定的转动范围，操作面板上各旋钮时动作要轻。当旋到极限位置时，只能往回旋转，不能硬扳。

4. 应避免经常启闭电源。暂时不用时，不必断开电源，只需调节辉度旋钮使亮点消失，到下次使用时再调节使亮点再现，以免缩短示波管的使用寿命。

5. 示波器输入信号的电压不要超过规定的最大值。

【问题与反思】

1. 简要说明示波器的功能和各旋钮作用。

2. 为什么屏上亮点不宜太强且不能长时间停留在一个位置上？

3. 如果示波器良好，在正常工作时，屏上仍无亮点，应怎样调节才能找到亮点？

4. 当 $Y$ 轴输入端有信号，但屏上只有一条垂直亮线是什么原因？如何调节才能使波形沿 $X$ 轴展开？

5. 如何用示波器测量待测信号的峰—峰值？

6. 怎样用李萨如图形测量正弦波的频率？

# 实验十七　声速的测量

## 【知识准备】

预习声速的两类测量方法。第一类方法根据关系式 $v = s/t$，测量出 $s$ 和 $t$ 后即可算出声速，被称为时差法。第二类方法利用关系式 $v = \lambda f$，测量出频率和波长计算声速。

## 【实验目的】

1. 了解超声波的发射和接收及换能器的原理和功能。
2. 理解掌握用共振干涉法、相位比较法测声速的原理和技术。
3. 进一步熟悉示波器和信号源的使用方法。
4. 学会用逐差法处理数据。

## 【实验仪器】

SVX – 7 型声速测定仪（可用于气体、液体中的声速测定）、SVX – 7 声速测定仪信号源（频率 50Hz ~ 50KHz）、双踪示波器。

## 【仪器简介】

SVX – 7 型声速测试仪是由声速测试器信号源和声速测试架两个部分组成的，如图 1 和图 2 所示。

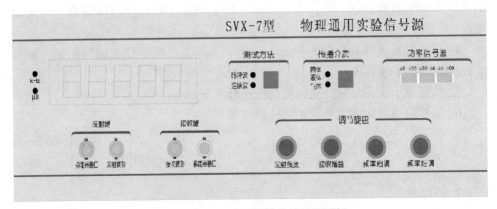

图 1　SVX – 7 声速测试仪信号源面板

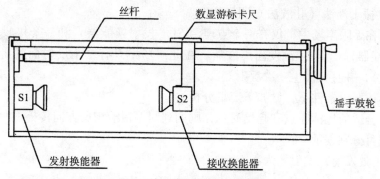

**图2　声速测试架外形示意图**

信号源调节旋钮的作用：

（1）信号频率：用于调节输出信号的频率。

（2）发射强度：用于调节输出信号的电功率（输出电压）。

（3）接收增益：用于调节仪器内部的接收增益。

将声速测试架、信号源和双踪示波器连接即可进行实验。

【实验原理】

1. 超声波与压电陶瓷换能器。

频率20Hz~20kHz的机械振动在弹性介质中传播形成声波，高于20kHz的称为超声波。超声波的传播速度就是声波的传播速度，而超声波具有波长短、易于定向发射等优点，声速实验所采用的声波频率一般都在20~60kHz之间。在此频率范围内，采用压电陶瓷换能器作为声波的发射器、接收器效果最佳。

压电陶瓷换能器根据它的工作方式，分为纵向（振动）换能器、径向（振动）换能器及弯曲振动换能器。声速教学实验中所用的大多数采用纵向换能器。图3为纵向换能器的结构简图。

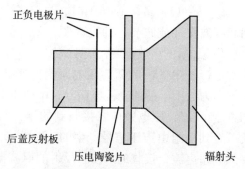

**图3　纵向换能器的结构简图**

2. 共振干涉法（驻波法）测量声速。

假设在无限声场中，仅有一个点声源 S1（发射换能器）和一个接收平面 S2（接收换能器）。当点声源发出声波后，在此声场中只有一个反射面（即接收换能器平面），并且只产生一次反射。

在上述假设条件下，做如下定量分析：

选择合适的坐标原点和起始时刻，则两列同振幅沿相反方向传播的相干波的波动方程可分别表示为：

在 S1 处发射，发射波为：

$$y_1 = A\cos\left(\omega t - \frac{2\pi x}{\lambda}\right)$$

在 S2 处产生反射，反射波为：

$$y_2 = A\cos\left(\omega t + \frac{2\pi x}{\lambda}\right)$$

其中，$x$ 为 S1 与 S2 之间的距离，$A$ 为两相干波的振幅。

$y_1$ 与 $y_2$ 在反射平面相交叠加，合成波束为：

$$y = y_1 + y_2 = A\cos\left(\omega t - \frac{2\pi x}{\lambda}\right) + A\cos\left(\omega t + \frac{2\pi x}{\lambda}\right)$$

运用简单的三角运算可得驻波方程：

$$y = 2A\cos\frac{2\pi x}{\lambda}\cos\omega t$$

由此可见，合成后的波束 $y$ 在幅度上具有随 $\cos(2\pi x/\lambda)$ 呈周期变化的特性，在相位上具有随 $(2\pi x/\lambda)$ 呈周期变化的特性。

$\cos 2\pi x/\lambda = \pm 1$ 的各点振幅最大，称为波腹，对应的位置：

$$X = \pm n\lambda/2 \quad (n = 0, 1, 2, 3, \cdots)$$

$\cos 2\pi X/\lambda = 0$ 的各点振幅最小，称为波节，对应的位置：

$$X = \pm(2n+1)\lambda/4 \quad (n = 0, 1, 2, 3, \cdots)$$

因此只要测得相邻两波腹（或波节）的位置 $X_n$、$X_{n-1}$，即可得波长。

图 4 所示波形显示了叠加后的声波幅度，随距离按 $\cos(2\pi x/\lambda)$ 变化的特征。

实验装置如图 5 所示，图中 S1 和 S2 为压电陶瓷换能器。S1 作为声波发射器，它由信号源供给频率为数十千赫的交流电信号，由逆压电效应发出一平面超声波。S2 则作为声波的接收器，压电效应将接收到的声压转换成电信号。将它输入示波器，我们就可看到一组由声压信号产生的正弦波形。由于 S2 在接收声波的同时还能反射一部分超声波，接收的声波、反射的声波振幅虽有差异，但二者周期相同且在同一直线上沿相反方向传播，二者在 S1 和 S2 区域内产生了波的干涉，形成驻波。我们在示波器上观察到的实际上是这两个相干波合成后在声波接收器 S2 处的振动情况。移动 S2 位置（即改变 S1 和 S2 之间的距离），从示波器显示上会发现，当 S2 在某位置时振幅有最小值。根据波的干涉理论可以知道：任何二相邻的振幅最大值的位置之间（或二相邻的振幅最小值的位置之间）的距离均为 $\lambda/2$。为了测量声波的波长，可以在观察示波器上声压振幅值的同时，缓慢地改变 S1 和 S2 之间的距离。示波器上就可以看到声波振动幅值不断地由最大变到最小再变到最大，二相邻的振幅最大值之间的距离为 $\lambda/2$，S2 移过的距离亦为 $\lambda/2$。超声换能器 S2 至 S1 之间距离的改变可通过转动鼓轮来实现，而超声波的频率又可由声速测试仪信号源频率显示窗口直接读出。

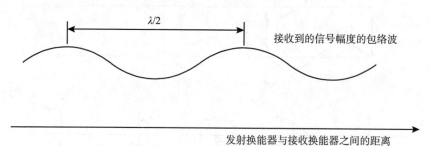

图 4　换能器间距与合成幅度

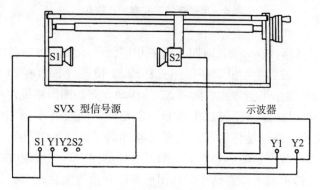

图 5　驻波法、相位法连线图

在连续多次测量相隔半波长的 S2 的位置变化及声波频率 $f$ 以后，我们可运用测量数据计算出声速，用逐差法处理测量的数据。

3. 相位法测量原理。

由前述可知入射波 $y_1$ 与反射波 $y_2$ 叠加，形成波束 $y$，即：

$$y = 2A\cos\frac{2\pi x}{\lambda}\cos\omega t$$

对于波束：

$$y_1 = A\cos\left(\omega t - \frac{2\pi x}{\lambda}\right)$$

由此可见，在经过 $\Delta x$ 距离后，接收到的余弦波与原来位置处的相位差（相移）为 $\theta = 2\pi\Delta x/\lambda$，如图 6 所示。

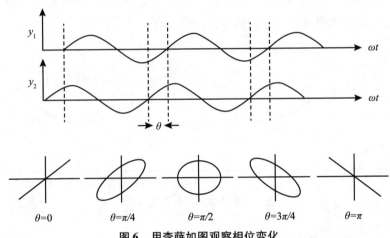

图 6　用李萨如图观察相位变化

入射波 $y_1$ 与反射波 $y_2$ 二者周期、频率相同，经示波器将二者传播方向调至垂直传播，并在示波器上生成李萨如图。移动 S2 位置（即改变 S1 和 S2 之间的距离），从示波器显示上会发现，随着 S2 的移动李萨如图形相位差不断变化。根据 $\theta = 2\pi\Delta x/\lambda$ 可以知道：任何二相邻的一定角度的斜线（李萨如图形相位差 $\theta$ 变化为 $2\pi$）出现的条件是移动 S2，并使之移动的距离（$\Delta x$）为 $\lambda$。为了测量声波的波长，可以在观察示波器上李萨如图形变化的同时，缓慢地改变 S1 和 S2 之间的距离。示波器上就可以看到李萨如图形如图 6 依次变化，二相邻的一定角度的斜线之间的相位差变化为 $2\pi$，S2 移过的距离为 $\Delta x = \lambda$。

超声换能器 S2 至 S1 之间距离的改变可通过转动鼓轮来实现，而超声波的频率又可由声速测试仪信号源频率显示窗口直接读出。在连续多次测量相隔一个波长的 S2 的位置变化及声波频率 $f$ 以后，我们可运用测量数据计算出声速，用逐差法处理测量的数据。

因此，能通过示波器用李萨如图法观察测出声波的波长。

**【实验内容和步骤】**

1. 仪器在使用之前，加电开机预热 15 分钟。接通后，自动工作在连续波方式、选择的介质为空气的初始状态。

2. 驻波法测量声速。

（1）测量装置的连接。

如图 5 所示，信号源面板上的发射端换能器接口（S1）用于输出一定频率的功率信号，请接至测试架的发射换能器（S1）；信号源面板上的发射端发射波形 Y1，请接至双踪示波器的 CH1（Y1），用于观察发射波形；接收换能器（S2）的输出接至示波器的 CH2（Y2）。

（2）测定压电陶瓷换能器的最佳工作点。

只有当换能器 S1 的发射面和 S2 的接收面保持平行时才有较好的接收效果。为了得到较清晰的接收波形，应将外加的驱动信号频率调节到换能器 S1、S2 的谐振频率点处，这样才能较好地进行声能与电能的相互转换（实际上有一个小的通频带），以得到较好的实验效果。按照调节到压电陶瓷换能器谐振点处的信号频率，估计示波器的扫描时基 $t/$div，并进行调节，使在示波器上获得稳定波形。

超声换能器工作状态的调节方法如下：各仪器都正常工作以后，首先调节发射强度旋钮，使声速测试仪信号源输出合适的电压（$8 \sim 10\text{VP} - \text{P}$），再调整信号频率（$25 \sim 45\text{kHz}$），选择合适的示波器通道增益（$0.2\text{V} \sim 1\text{V/div}$），观察频率调整时接收波的电压幅度变化，在某一频率点处（$34.5 \sim 37.5\text{kHz}$）电压幅度最大，此频率即是压电换能器 S1、S2 相匹配频率点，记录频率 $F_N$，改变 S1 和 S2 间的距离，适当选择位置，重新调整，再次测定工作频率，共测 5 次，取平均频率 $f$。

（3）测量步骤。

将测试方法设置到连续波方式，选择相应的测试介质。完成前述步骤后，观察示波器，找到接收波形的最大值。然后转动距离调节鼓轮，这时波形的幅度会发生变化，记录下幅度为最大时的位置 $x_1$，由数显尺或在机械刻度尺上读出；再向前或者向后（必须是一个方向）移动距离，当接收波经变小后再到最大（即下一个振幅最大）时，记录下此时的位置 $x_2$；再向前或者向后（必须是一个方向）移动距离，当接收波经变小后再到最大（即下一个振幅最大）时，记录下此时的位置 $x_3$；同样方法依次到振幅最大时记录数据 $x_4$、$x_5$、$x_6$。即有：

$$\begin{cases} x_6 - x_3 = 3\dfrac{\lambda}{2} \\[2mm] x_5 - x_2 = 3\dfrac{\lambda}{2} \\[2mm] x_4 - x_1 = 3\dfrac{\lambda}{2} \end{cases} \Rightarrow \quad \begin{array}{l} 9\dfrac{\lambda}{2} = (x_4 + x_5 + x_6) - (x_1 + x_2 + x_3) \\[2mm] \text{即 } \lambda = \dfrac{2}{9}\big[(x_4 + x_5 + x_6) - (x_1 + x_2 + x_3)\big] \end{array}$$

此即逐差法处理数据。

3. 相位法/李萨如图法测量波长的步骤。

将测试方法设置到连续波方式，选择相应的测试介质。完成前述（1）、（2）步骤后，将示波器打到"X—Y"方式，并选择合适的通道增益。转动距离调节鼓轮，观察波形为一定角度的斜线，记录下此时的位置 $x_1$，由数显尺或在机械刻度尺上读出；再向前或者向后（必须是一个方向）移动距离，当接收波的波形又回到前面所说的特定角度的斜线时，记录下此时的位置 $x_2$；再向前或者向后（必须是一个方向）移动距离，当接收波的波形又回到前面所说的特定角度的斜线时，记录下此时的位置 $x_3$；同样方法依次到前面所说的特定角度的斜线时记录数据 $x_4$、$x_5$、$x_6$。即有：

$$\begin{cases} x_6 - x_3 = 3\lambda \\[1mm] x_5 - x_2 = 3\lambda \\[1mm] x_4 - x_1 = 3\lambda \end{cases} \Rightarrow \quad \begin{array}{l} 9\lambda = (x_4 + x_5 + x_6) - (x_1 + x_2 + x_3) \\[2mm] \text{即 } \lambda = \dfrac{1}{9}\big[(x_4 + x_5 + x_6) - (x_1 + x_2 + x_3)\big] \end{array}$$

此即逐差法处理数据。

4. 干涉法/相位法测量数据处理。

已知波长 $\lambda_i$ 和频率 $f_i$（频率由声速测试仪信号源频率显示窗口直接读出），则声速 $c_i = \lambda_i \times f_i$。因声速还与介质温度有关，所以必要时请记下介质温度 $t$。

【数据及处理】

1. 自拟表格记录所有的实验数据，表格要便于用逐差法求相应位置的差值和计算 $\lambda$。

2. 以空气介质为例，计算出共振干涉法和相位法测得的波长平均值 $\bar{\lambda}$ 及其标准偏差 $S_\lambda$，同时考虑仪器的示值读数误差为 0.01mm。经计算可得波长的测量结果 $\lambda \pm \Delta\lambda$。

3. 按理论值公式 $v_s = v_0\sqrt{\dfrac{T}{T_0}}$，算出理论值 $v_s$。式中 $v_0 = 331.45\text{m/s}$ 为 $T_0 = 273.15\text{K}$ 时的声速，$T = (t + 273.15)\text{K}$，或按经验公式 $v = (331.45 + 0.59t)\text{m/s}$，计算 $v$，$t$ 为介质温度（℃）。

4. 计算出通过两种方法测量的 $v$ 以及 $\Delta v$ 值，其中 $\Delta v = v - v_s$。

将实验结果与理论值比较，计算百分比误差，分析误差产生的原因。可写为：在室温为_____℃时，用共振干涉法（相位法）测得超声波在空气中的传播速度为

$$v = \text{_____} \pm \text{_____} \ \text{m/s}, \quad \delta = \frac{\Delta v}{v_S} = \text{_____} \% \, 。$$

【注意事项】

1. 使用时，应避免声速测试仪信号源的功率输出端短路。

2. 严禁将液体（水）滴到数显尺杆和数显表头内，如果不慎将液体（水）滴到数显尺杆和数显表头上，请用60℃以下的温度将其烘干，即可使用。

3. 声速信号源在开机或受到外部强磁场干扰时，有时会产生死机，此时请按后面板左侧复位按钮键，进行复位。

4. SV－DH－7A 型测试架体带有有机玻璃，容易破碎，使用时应谨慎，以防止发生意外。

5. 数显尺电池使用寿命为6至8个月，过了使用期后请更换电池。

6. 仪器不使用时，应存放在空气温度为 0～35℃ 的室内架子上，架子离地高度大于100mm。仪器应在清洁干净的场所使用，避免阳光直接暴晒和剧烈颠震。

7. 一组数据测量时必须同一方向摇动声速测试架的摇手鼓轮，避免回程误差。

8. 实验过程中，避免两压电陶瓷换能器距离太近，更不能发生挤压。

【问题与反思】

1. 声速测量中共振干涉法、相位法有何异同？

2. 为什么要在谐振频率条件下进行声速测量？如何调节和判断测量系统是否处于谐振状态？

3. 为什么发射换能器的发射面与接收换能器的接收面要保持互相平行？

4. 声音在不同介质中的传播有何区别？声速为什么会不同？

# 实验十八　人耳听觉阈测量

**【知识准备】**

1. 了解人耳声域、声强、响度、声强级和响度级等概念。

2. 了解人耳的听觉阈、痛觉阈及等响曲线等概念。

**【实验目的】**

1. 掌握听觉听阈的测量方法。

2. 测定人耳的听阈曲线。

**【实验仪器】**

人耳听觉听阈测量实验仪、耳机。

**【仪器简介】**

听觉实验仪由专用信号发生器、音频放大器和全频带头戴式耳机组成。信号发生器可经键控产生 20～20000Hz 任意频率的正弦信号，其分辨率为 1Hz。经功率放大器，就得到最大的功率。调节衰减旋钮（含粗调和微调）可改变功率，送到耳机去便可得到不同分贝衰减的声强级声音，衰减越多，声强级声音越小。用此仪器可测量人耳（左或右）对于不同频率、不同声强声音的听觉情况。

仪器面板、操作界面如图 1、图 2 所示。

仪器的智能键控操作说明如下：

该键盘由 4 个按键组成。

（1）"向上"键。在菜单界面时为光标向上移动，在测量界面中，当调频模式为"连续"时为频率加 1，长时间按下可进入按键锁定模式，频率连续增加，频率调节范围 20～20000Hz，当调频模式为"对数"时频率在 64Hz、128Hz、256Hz、512Hz、1KHz、2KHz、4KHz、8KHz、16KHz 之间切换，当调频模式为"数字"时用于增大光标位置的数字。

（2）"向下"键。在菜单界面时为光标向下移动，在测量界面中，当调频模式为"连续"时为频率减 1，长时间按下可进入按键锁定模式，频率连续减小，频率调节范围 20～20000Hz，当调频模式为"对数"时频率在 64Hz、128Hz、256Hz、512Hz、1KHz、2KHz、4KHz、8KHz、16KHz 之间切换，当调频模式为"数字"时用于减小光标位置的数字。

（3）"确定"键。在菜单界面时为进入菜单项，在调频模式的测量界面时为光标位置切换，在参数设定界面为功能切换：音量放大开关、连续间断切换、调频模式切换。

（4）"返回"键。返回菜单界面。

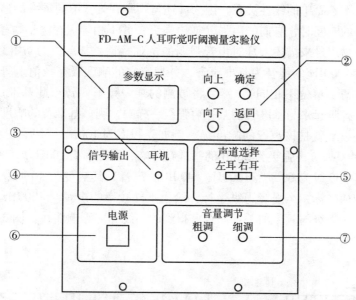

①中文液晶显示器　②按键　③耳机插孔　④示波器接口
⑤左右耳选择开关　⑥电源开关　⑦音量调节旋钮

**图1　实验仪器面板图**

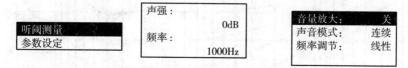

**图2　菜单界面、测量界面、设置界面**

## 【实验原理】

能够在听觉器官引起声音感觉的波动称为声波。其频率范围通常为20～20000Hz。描述声波能量的大小常用声强和声强级两个物理量。声强是单位时间内通过垂直于声波传播方向的单位面积的声波能量，用符号 $I$ 来表示，其单位为 $W/m^2$。而声强级是声强的对数标度，它是根据人耳对声音强弱变化的分辨能力来定义的，用符号 $L$ 来表示，其单位为分贝（dB），$L$ 与 $I$ 的关系为：

$$L = 10 \times \lg \frac{I}{I_0} \tag{1}$$

式（1）中规定 $I0 = 10^{-12} \mathrm{W/cm^2}$，频率为 1000Hz。

人耳对声音强弱的主观感觉称为响度。一般来说，它随着声强的增大而增加，但两者不是简单的线性关系，因为其还与频率有关，不同频率的声波在人耳中引起相等的响度时，它们的声强（或声强级）并不相等。在医学物理学中，用响度级这一物理量来描述人耳对声音强弱的主观感觉，其单位为昉（Phon），它选取频率为 1000Hz 的纯音为基准声音，并规定它的响度级在数值上等于其声强级数值（注意：单位不相同），然后将被测的某一频率声音与此基准声音比较，若该被测声音听起来与基准音的某一声强级一样响，则该基准音的响度级（数值上等于声强级）就是该声音的响度级。例如，频率为 100Hz，声强级为 72dB 的声音，与 1000Hz、声强级为 60dB 的基准音等响，则频率为 100Hz，声强为 72dB 的声音，其响度级为 60 昉；1000Hz、40dB 的声音，其响度为 40 昉。以频率的常用对数为横坐标，声强级为纵坐标，绘出不同频率的声音与 1000Hz 的标准声音等响时的声强级与频率的关系曲线，得到的曲线称为等响曲线。图 3 表示正常人耳的等响曲线。

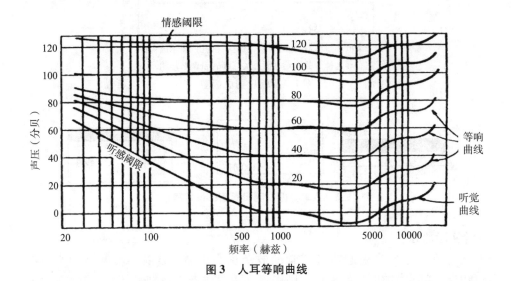

图 3 人耳等响曲线

引起听觉的声音，不仅在频率上有一定范围，而且在声强上也有一定范围。对于任意在人耳听觉范围内的如 20～20000Hz 的频率来说，声强还必须达到某一数值才能引起人耳听觉。能引起听觉的最小声强叫做听阈，不同频率的声波听阈不同，听阈与频率的关系曲线叫做听阈曲线。随着声强的增大，人耳感到声音的响度也提高了，当声强超过某一最大值时，声音在人耳中会引起痛觉，这个最大声强称为痛阈。不同频率的声波痛阈也不同，痛阈与频率的关系曲线叫做痛阈曲线。由图 1 可知，听阈曲线即为响度级为 0 昉的等响曲线，痛阈曲线则为响度级为 120 昉的等响曲线。

**【实验内容和步骤】**

1. 熟悉听觉实验仪面板上的各键功能，接通电源，打开电源开关，指示灯亮，预热 5 分钟。

2. 在面板上将耳机插入，按确定键进入测量界面。

3. 被测者戴上耳机，背向主试人和仪器（或各人自行测试）。

4. 测量。

（1）确认"参数设定"中的"音量放大"为"关"的状态。

（2）按说明要求选择测量频率。

（3）用渐增法测定：调节音量旋钮（粗调和微调两个旋钮）至听不到声音开始，逐渐增大音量（可交替调节粗调和微调），当被测人刚听到声音时主试人（或自己）停止调节，此时的声强（或声强级）为被测人在此频率的听觉阈值，其衰减分贝数用 $L_1$ 表示；

（4）同一个频率用渐减法测定：步骤基本同（3），只是将音量旋钮先调在听得到声音处，然后再开始逐渐减小音量，直到刚好听不到声音时为止，与步骤（3）一样，对相应同一频率的声音，可得到相同的听觉阈值，其衰减分贝数用 $L_2$ 表示。

5. 零位修正。

由于仪器测量和显示的是全频率段的绝对声强级，而实验需把人耳通过耳机刚能听到的 1000Hz 声音的声强级定义为 0dB（相对声强级），因此要以被测者刚好能听到 1000Hz 的声音的绝对声强级 $L_0$ 为基准，将所有测试频率音量分贝数的平均值 $(L_1 + L_2)/2$ 减去该基准，得到被测者听觉阈值的相对声强级。

6. 作听阈曲线。

（1）所测频率听觉阈值的相对声强级 $L_{测} = (L_1 + L_2)/2 - L_0$。

（2）改变频率，重复 1~6 步骤，分别对 64Hz、128Hz、256Hz 等 20 个不同的频率进行测量，将数据填入表 1，这样就可以得到右耳或左耳 20 个点的听觉阈值。

## 【数据及处理】

表1                                                         听觉阈值测量表

| 频率（Hz） | 64 | 128 | 256 | 512 | 1K（$L_0$） | … | 4K | 8K | 16K |
|---|---|---|---|---|---|---|---|---|---|
| $L_1$（dB） | | | | | | | | | |
| $L_2$（dB） | | | | | | | | | |
| $L_测 = (L_1 + L_2)/2 - L_0$ | | | | | | | | | |

以频率的常用对数为横坐标（并分别注明测试点的频率值），声强级值为纵坐标，在坐标纸上将上面所得数据定点连起来，形成听阈曲线。

### 【注意事项】

1. 两人一组互相测量，不推荐个人自行测试。

2. FD – AM – C 人耳听觉听阈测量实验仪是一种医学物理的实验仪，不是医学测量仪器，故近似地将被测者通过耳机刚能听到的 1000Hz 声音的声强级定义为 0dB（相对声强级）。

3. 痛阈的测量有可能会损伤被测者的听力，故本实验不设定痛阈测量实验。

### 【问题与反思】

大体对比各自的听觉阈曲线，看谁的耳朵相对灵敏？为什么？

# 实验十九　薄透镜焦距的测量

## 【知识准备】
1. 薄透镜的成像原理。
2. 薄透镜的成像公式。

## 【实验目的】
1. 学会测量凸透镜焦距的几种方法。
2. 掌握光学元件等高共轴调节的方法。
3. 进一步熟悉数据记录和处理方法。

## 【实验仪器】
光具座、溴钨灯、薄凸透镜、凹透镜、物屏、像屏、透镜支架、滑座。

## 【实验原理】
透镜是光学仪器中最基本的元件，而焦距是反映透镜特性的一个主要参量，它决定了透镜成像的位置和性质（大小、虚实等）。测量薄透镜的焦距，主要根据透镜的成像规律。

1. 测薄凸透镜的焦距。

（1）成像公式法。

在近轴光线的条件下，薄透镜成像满足高斯公式

$$\frac{f'}{s'} + \frac{f}{s} = 1$$

式中符号 $f$、$f'$ 分别表示物方焦距和像方焦距，$s$、$s'$ 分别表示物距和像距，如图 1 所示。

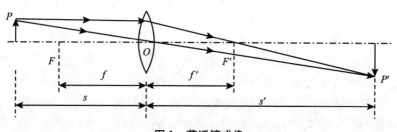

**图 1　薄透镜成像**

利用此公式需要遵守符号法则：式中的各线距均从透镜中心（光心）量起，与光线行进方向一致为正，反之为负（相当于建立一个坐标轴，光心为原点，光线行进方向为正方向）。

当将薄透镜置于空气中时，焦距 $f' = -f = \dfrac{ss'}{s - s'}$。

此方法需要判断式中各量的正负号，利用下边的二次成像法，把符号都考虑进去以后，不再用判断正负号，是纯粹的线段长度量。

（2）二次成像法（又称为共轭法、位移法）。

取物屏和像屏之间的距离 $D$ 大于 4 倍焦距（$4f$），且保持不变，沿光轴方向移动透镜，则必能在像屏上观察到二次成像，设第一次成像的物距、像距分别为 $s_1$、$s_1'$，第二次成像的物距、像距分别为 $s_2$、$s_2'$，两次成像透镜移动的距离为 $d$，如图 2 所示。则有：

$$s_1 = -s_2' = -\frac{(D-d)}{2}, \quad s_1' = -s_2 = \frac{(D+d)}{2}$$

将其代入空气中焦距表示式得到：

$$f' = \frac{D^2 - d^2}{4D}$$

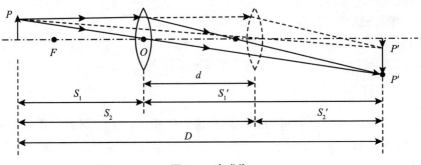

图 2　二次成像

（3）自准直法。

当物体在透镜的焦平面位置时，通过透镜出射的光为准直光（平行光），如果此光线再被垂直主光轴放置的平面镜返回，则返回的平行光又被成像在焦平面位置。我们只需要按图 3 顺序摆好光学元件后，调节透镜位置，看到物屏位置出现了一个清晰的、等大的、倒立的像，那么此时，物距就等于焦距，也即 $f = s$，如图 3 所示。

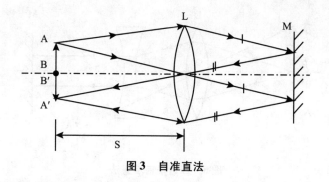

图3　自准直法

2. 测量凹透镜的焦距。

（1）成像法（又称为辅助透镜法）。

如图4所示，物体 $AB$ 通过透镜 $L_1$ 成一实像 $A'B'$，然后放凹透镜 $L_2$ 于 $L_1$ 和 $A'B'$ 之间，使 $A'B'$ 作为凹透镜的物，$A'B'$ 将会被成像于 $A''B''$ 的位置，物距、像距分别为 $s_2$ 和 $s_2'$，利用高斯公式法得到的求焦距的公式，即可得到凹透镜的焦距：

$$f' = -f = \frac{ss'}{s-s'} = \frac{s_2 s_2'}{s_2 - s_2'}$$

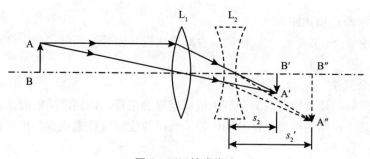

图4　凹透镜成像法

（2）凹透镜自准法。

如图5所示，如果没有凹透镜，物体 $AB$ 将会被凸透镜 $L_1$ 成像于 $A'B'$，将凹透镜透镜 $L_2$ 置于 $L_1$ 和 $A'B'$ 之间，并使 $L_2$ 与 $A'B'$ 的距离等于凹透镜焦距 $f'$，那么光线通过 $L_2$ 将会平行出射，被竖直放置的平面镜 $M$ 反射回来仍是平行光，通过凹透镜 $L_2$ 和凸透镜 $L_1$ 后，将在 $AB$ 的位置成像为 $A''B''$，为倒立的等大的实像。

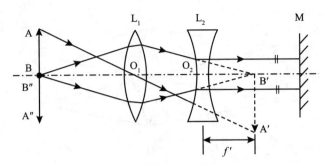

**图 5    凹透镜自准直法**

注：$f' = s$（只表示大小）。

**【实验内容和步骤】**

1. 光具座上各光学元件等高共轴的调节（此是光学实验的重点基础技能）。

（1）先利用水平尺将光具座导轨在实验桌上调节成水平。

（2）各光学元件共轴等高地粗调（用眼睛看等高共轴）。

（3）各光学元件共轴等高地细调（用位移法的两像中心重合方法：记下小像中心，调节凸透镜高矮或垂直于主光轴的水平位置，让大像撵小像，撵得稍微过一点）。

2. 测薄凸透镜焦距。

利用物像公式法、二次成像法、自准直法进行测量。测量过程中注意观察透镜的像差。

（1）公式法。

①调节好等高共轴以后，调节透镜或像屏的位置，得到最清晰的像。

②记录下物体的位置、像屏的位置、透镜的位置（注意根据刻度尺的精度准确记录有效数字）。

③改变物距，重复 7 次，记录数据。

（2）二次成像法。

①调节好等高共轴以后，使物屏像屏之间的距离大于 $4f$，且固定不变，调节透镜的位置，得到一清晰大像，再移动透镜位置，得到一清晰小像。

②记录下物体的位置、像屏的位置、透镜第一次成像的位置、透镜第二次成像的位置。

③改变物屏像屏之间的距离，重复 7 次，记录数据。

3. 测凹透镜焦距。

（1）成像法（又称为辅助透镜法）。

①用二次成像法调节物凸透镜等高共轴。

②使物 AB 经凸透镜 $L_1$ 后形成一大小适中的实像 $A'B'$，记下 $A'B'$ 位置。

③在 $L_1$ 和 $A'B'$ 之间放入凹透镜 $L_2$，调节其与 $L_1$ 等高共轴。

④固定 $L_2$ 位置，在 $A'B'$ 后找到成的像 $A''B''$，记下 $L_2$ 和 $A''B''$ 的位置。

⑤根据图 4 及记录的数据得出 $s_2$、$s_2'$ 的大小（注意其仍然要符合符号法则）。

（2）自准直法。

①用二次成像法调节物凸透镜等高共轴。

②使物 AB 经凸透镜 $L_1$ 后形成一大小适中的实像 $A'B'$，记下 $A'B'$ 位置。

③在 $L_1$ 和 $A'B'$ 之间放入凹透镜 $L_2$，调节其与 $L_1$ 等高共轴，在 $A'B'$ 后竖直放置反射镜 $M$。

④移动凹透镜 $L_2$，在物屏上得到一个与物 AB 大小相等的倒立实像，此时记下 $L_2$ 的位置。

【数据及处理】

1. 薄凸透镜焦距测量。

请将测量数据填入表 1 中。

**表 1**           **数据记录**

| 测量次数 | 物 P (mm) | 透镜 P1 (mm) | 透镜 P2 (mm) | 像 P' (mm) | D (mm) | d (mm) | $f'$ (mm) | $\overline{f'}$ (mm) |
|---|---|---|---|---|---|---|---|---|
| 1 | | | | | | | | |
| 2 | | | | | | | | |
| 3 | | | | | | | | |
| 4 | | | | | | | | |
| 5 | | | | | | | | |
| 6 | | | | | | | | |
| 7 | | | | | | | | |

表 1 中，P 表示位置。

物像公式法、自准直法自拟表格，记录数据，计算平均值。

2. 测量凹透镜焦距，自拟表格，记录数据，计算平均值。

【注意事项】

1. 注意光路的等高共轴的调节是以后做光学实验的重要的基本技能，无论是在光具座上，还是在实验平台上或是调节光学仪器，其核心的调节都涉及等高共轴的调节。

2. 注意记录数据有效数字的准确。

【问题与反思】

1. 为什么实验前要进行等高共轴的调节？

2. 从实验中体会为什么要多次测量取平均值？

# 实验二十　迈克尔逊干涉仪的调节和使用

**【知识准备】**

1. 迈克尔逊干涉仪的设计背景及应用。
2. 迈克尔逊干涉仪的干涉原理。

**【实验目的】**

1. 了解迈克尔逊干涉仪的光学结构及干涉原理，学习其调节和使用方法。
2. 学习一种测定光波波长的方法，加深对薄膜干涉的理解。

**【实验仪器】**

迈克尔逊干涉仪、He – Ne 激光器、扩束镜等。

**【仪器简介】**

迈克尔逊干涉仪的结构如图 1 所示。11（$M_2$）和 14（$M_1$）是一对精密磨光的平面反射镜，$M_1$ 的位置是固定的，$M_2$ 可沿导轨前后移动。17（$G_1$ 和 $G_2$）是厚度和折射率都完全相同的一对平行玻璃板，与 $M_1$、$M_2$ 均成 45°角。

反射镜 $M_2$ 的移动采用蜗轮蜗杆传动系统，转动粗调手轮可以实现粗调，$M_2$ 移动距离的毫米数可在机体侧面的毫米刻度尺上读得，通过读数窗口，在刻度盘上可读到 0.01 mm；转动微调手轮可实现微调，微调手轮的分度值为 $1 \times 10^{-4}$ mm，可估读到 $10^{-5}$ mm。$M_1$、$M_2$ 背面各有 3 个螺钉可以用来粗调 $M_1$ 和 $M_2$ 的倾度，倾度的微调是通过调节水平微调和竖直微调螺丝来实现的。

**【实验原理】**

迈克尔逊干涉仪是 1883 年美国物理学家迈克尔逊（Michelson）和莫雷（Morley）合作，为研究"以太"漂移实验而设计制造出来的精密光学仪器。用它可以高度准确地测定微小长度、光的波长、透明体的折射率等。后人利用该仪器的原理，研究出了多种专用干涉仪，这些干涉仪在近代物理和近代计量技术中被广泛应用。

1. 干涉仪的光学结构。

迈克尔逊干涉仪的光路如图 2 所示。$G_1$ 的一个表面镀有半反射、半透射膜 $A$，使射到其上的光线分为光强度差不多相等的反射光和透射光，$G_1$ 被称为分光板。当光照到 $G_1$ 上时，在半透膜上分成相互垂直的两束光，透射光（1）射到 $M_1$，经 $M_1$ 反射后，透过 $G_2$，在 $G_1$ 的半透膜上反射后射向 $E$；反射光（2）射到

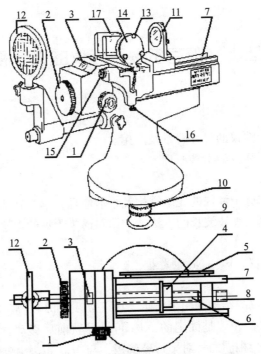

1. 微调手轮  2. 粗调手轮  3. 刻度盘  4. 丝杆啮合螺母  5. 毫米刻度尺  6. 丝杆
7. 导轨  8. 丝杆顶进螺帽  9. 调平螺丝  10. 锁紧螺丝  11. 可动镜 $M_2$  12. 观察屏
13. 倾度粗调  14. 固定镜 $M_1$  15. 倾度微调  16. 倾度微调  17. $G_1$、$G_2$

**图 1　迈克尔逊干涉仪结构图**

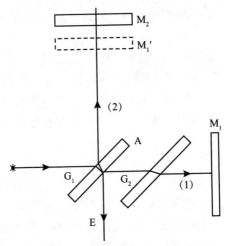

**图 2　迈克尔逊干涉仪光路图**

$M_2$，经 $M_2$ 反射后，透过 $G_1$ 射向 $E$。由于光线（2）前后共通过 $G_1$ 三次，而光线（1）只通过 $G_1$ 一次，有了 $G_2$，它们在玻璃中的光程便相等了，于是计算这两束光的光程差时，只需计算两束光在空气中的光程差就可以了，所以 $G_2$ 被称为补偿板。当观察者从 $E$ 处向 $G_1$ 看去时，除直接看到 $M_2$ 外还看到 $M_1$ 的像 $M_1'$。于是（1）、（2）两束光如同从 $M_2$ 与 $M_1'$ 反射来的，因此迈克尔逊干涉仪中所产生的干涉和 $M_1' \sim M_2$ 间"形成"的空气薄膜的干涉等效。

2. 单色点光源的干涉。

本实验用 He – Ne 激光器作为光源（见图3），激光通过短焦距透镜 $L$ 汇聚成一个强度很高的点光源 $S$，射向迈克尔逊干涉仪，点光源经平面镜 $M_2$、$M_2$ 反射后，相当于由两个点光源 $S_1'$ 和 $S_2'$ 发出的相干光束。$S'$ 是 $S$ 的等效光源，是经半反射面 $A$ 所成的虚像。$S_1'$ 是 $S'$ 经 $M_1$ 所成的虚像，$S_2'$ 是 $S'$ 经 $M_2$ 所成的虚像。

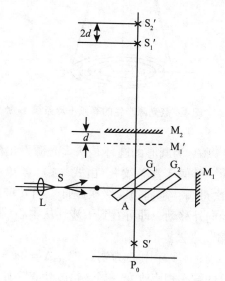

图3　点光源干涉光路图

由图3可知，只要观察屏放在两点光源发出光波的重叠区域内，都能看到干涉现象，故这种干涉称为非定域干涉。如果 $M_2$ 与 $M_1'$ 严格平行，且把观察屏放在垂直于 $S_1'$ 和 $S_2'$ 的连线上，就能看到一组明暗相间的同心圆干涉环，其圆心位于 $S_1'S_2'$ 轴线与屏的交点 $P_0$ 处。

从图4可以看出 $P_0$ 处的光程差 $\Delta = 2d$，屏上其他任意点 $P'$ 或 $P''$ 的光程差近似为：

$$\Delta = 2d\cos\varphi \tag{1}$$

式（1）中 $\varphi$ 为 $S_2'$ 射到 $P''$ 点的光线与 $M_2$ 法线之间的夹角。

当 $2d\cos\varphi = k\lambda$ 时，为明纹；当 $2d\cos\varphi = (2k+1)\lambda/2$ 时，为暗纹。

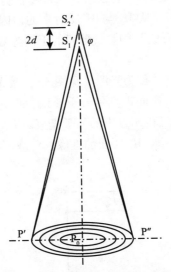

**图 4　点光源产生的等倾干涉条纹**

由图 4 可以看出，以 $P_0$ 为圆心的圆环是从虚光源发出的倾角相同的光线干涉的结果，因此被称为"等倾干涉条纹"。由式（1）可知 $\varphi = 0$ 时光程差最大，即圆心 $P_0$ 处干涉环级次最高，越向边缘级次越低。当 $d$ 增加时，干涉环中心级次将增高，条纹沿半径向外移动，即可看到干涉环从中心"冒"出；反之当 $d$ 减小，干涉环向中心"缩"进去。

由明纹条件可知，当干涉环中心为明纹时，$\Delta = 2d = k\lambda$。此时若移动 $M_2$（改变 $d$），环心处条纹的级次相应改变，当 $d$ 每改变 $\lambda/2$ 距离，环心就冒出或缩进一条环纹。若 $M_2$ 移动距离为 $\Delta d$，相应冒出或缩进的干涉环条纹数为 $N$，则有 $\Delta d = N\dfrac{\lambda}{2}$，因此波长为：

$$\lambda = \frac{2\Delta d}{N} = \frac{2(l_1 - l_2)}{N} \tag{2}$$

式（2）中 $l_1$、$l_2$ 分别为 $M_2$ 移动前后的位置读数。实验中只要读出 $l_1$、$l_2$ 和 $N$，即可由式（2）求出波长。

由明纹条件推知，相邻两条纹的角间距为：

$$\Delta\varphi = -\frac{\lambda}{2d\sin\varphi}\approx\frac{\lambda}{2d\varphi} \tag{3}$$

当 $d$ 增大时，$\Delta\varphi$ 变小，条纹变细变密；当 $\varphi$ 减小时，$\Delta\varphi$ 增大，条纹变粗变疏。所以离环心近处条纹粗而疏，离环心远处条纹细而密。

【实验内容和步骤】

1. 观察激光的非定域干涉现象。

调节干涉仪使导轨大致水平；调节粗调手轮，使活动镜移至导轨 35～40mm 刻度处；调节倾度微调螺丝，使其拉簧松紧适中。然后调节激光管高度和方位，使激光束从分光板中央穿过，并垂直射向反射镜 $M_1$（此时应能看到有一束光沿原路退回）。

装上观察屏，从屏上可以看到由 $M_1$、$M_2$ 反射过来的两排光点。调节 $M_1$、$M_2$ 背面的 3 个螺丝，使两排光点靠近，并使两个最亮的光点重合。这时 $M_1$ 与 $M_2$ 大致垂直（$M_1'$ 与 $M_2$ 大致平行）。然后在激光管与分光板间加一短焦距透镜，同时调节倾度微调螺丝，即能从屏上看到一组弧形干涉条纹，再仔细调节倾度微调螺丝，当 $M_1'$ 与 $M_2$ 严格平行时，弧形条纹变成圆形条纹。

转动微调手轮，使 $M_2$ 前后移动，可看到干涉条纹的冒出或缩进。仔细观察，当 $M_2$ 位置改变时，干涉条纹的粗细、疏密与 $d$ 的关系。

2. 测量激光波长。

（1）测量前先按以下方法校准手轮刻度的零位。先以逆时针方向转动微调手轮，使读数准线对准零刻度线；再以逆时针方向转动粗调手轮，使读数准线对准某条刻度线。

当然也可以都以顺时针方向转动手轮来校准零位。但应注意：测量过程中的手轮转向应与校准过程中的转向一致。

（2）按原方向转动微调手轮（改变 $d$ 值），可以看到一个一个干涉环从环心冒出（或缩进）。当干涉环中心最亮时，记下活动镜位置读数 $l_1$，然后继续缓慢转动微调手轮，当冒出（或缩进）的条纹数 $N=100$ 时，再记下活动镜位置读数 $l_2$，反复测量多次，并将数据填入表 1 中，由式（2）算出波长，并与标准值（$\lambda_0 = 632.8$nm）比较，计算相对不确定度。

## 【数据及处理】

表1                   测量数据表

$\lambda_0 = 632.8\,\text{nm}$,      $N = 100$                           单位：mm

| 测量次数 | $l_1$ | $l_2$ | $\Delta d = \|l_1 - l_2\|$ | $\overline{\Delta d}$ |
|---|---|---|---|---|
| 1 | | | | |
| 2 | | | | |
| 3 | | | | |
| 4 | | | | |
| 5 | | | | |

$$\lambda = \frac{2\,\overline{\Delta d}}{N}\ \underline{\quad\quad}\ \text{nm},\quad E = \frac{|\lambda - \lambda_0|}{\lambda_0}\ \underline{\quad\quad}\ \%$$

## 【注意事项】

迈克尔逊干涉仪是精密光学仪器，使用过程中要认真做到：

1. 切勿用手触摸光学表面，防止唾液溅到光学表面上。

2. 调节螺钉和转动手轮时，一定要轻、慢，绝不允许强扭硬扳。

3. 反射镜背后的粗调螺钉不可旋得太紧，以防止镜面变形。

4. 调整反射镜背后粗调螺钉时，先要把微调螺钉调在中间位置，以便能在两个方向上作微调。

5. 测量中，转动手轮只能缓慢地沿一个方向转动，否则会引起较大的回程误差。

## 【问题与反思】

1. 调节迈克尔逊干涉仪时看到的亮点为什么是两排而不是两个？两排亮点是怎样形成的？

2. 调节激光的干涉条纹时，如已确使针孔板的主光点重合，但条纹并未出现，试分析可能产生的原因。

3. 在观察等倾干涉条纹时，使 $M_1'$ 和 $M_2$ 逐渐接近直至零光程，试描述条纹疏密变化情况。

# 实验二十一　用牛顿环测量球面曲率半径

**【知识准备】**

1. 光的等厚干涉现象。

2. 读数显微镜的使用方法。

**【实验目的】**

1. 通过实验加深对等厚干涉现象的理解。

2. 掌握用牛顿环测定透镜曲率半径的方法。

3. 通过实验熟悉读数显微镜的使用方法。

**【实验仪器】**

读数显微镜、牛顿环、钠光灯等。

**【仪器简介】**

读数显微镜如图 1 所示，目镜（1）可用锁紧螺钉固定于任一位置，棱镜室可在 360°方向上旋转，物镜（3）用丝扣拧入镜筒内，镜筒用调焦手轮（2）完成调焦。转动测微鼓轮（5），显微镜沿燕尾导轨作纵向移动。

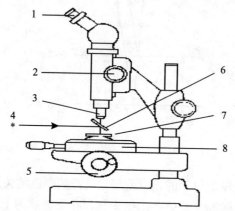

1. 目镜　2. 调焦手轮　3. 物镜　4. 钠灯　5. 测微鼓轮
6. 45°玻璃片　7. 牛顿环　8. 载物台

**图 1　牛顿环测量装置**

**【实验原理】**

当频率相同、振动方向相同、相位差恒定的两束简谐光波相遇时，在光波重叠区域，某些位置处合成光强大于分光强之和，某些位置处合成光强小于分光强之和，合成光波的光强在空间形成强弱相间的稳定分布，这种现象称为光的干涉现象。

要产生光的干涉，两束光必须满足频率相同、振动方向相同、相位差恒定的相干条件。实验中获得相干光的方法一般有分波阵面法和分振幅法两种。等厚干涉属于分振幅法产生的干涉现象。当一束单色光入射到透明薄膜上时，通过薄膜上下表面依次反射而产生两束相干光，如果这两束反射光相遇时的光程差仅取决于薄膜厚度，则同一级干涉条纹对应的薄膜厚度相等，这就是所谓的等厚干涉。

本实验研究牛顿环产生的等厚干涉。

1. 等厚干涉。

如图 2 所示，玻璃板 $A$ 和玻璃板 $B$ 二者叠放起来，中间加有一层空气（即形成了空气劈尖）。设光线 1 垂直入射到厚度为 $d$ 的空气薄膜上。入射光线在 $A$ 板下表面和 $B$ 板上表面分别产生反射光线 2 和 2′，二者在 $A$ 板上方相遇，由于两束光线都是由光线 1 分出来的（分振幅法），故频率相同、相位差恒定（与该处空气厚度 $d$ 有关）、振动方向相同，因而会产生干涉。

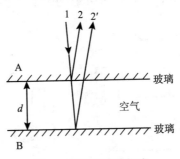

**图 2  等厚干涉的形成**

我们现在考虑光线 2 和 2′ 的光程差与空气薄膜厚度的关系。显然光线 2′ 比光线 2 多传播了一段距离 $2d$。此外，由于光线 2′ 在下玻璃的上表面处发生的反射满足由光疏媒质向光密媒质中传输，入射角近似等于 0° 或 90°，此时的反射光会产生半波损失的条件。因此总的光程差还应加上半个波长 $\lambda/2$，即 $\Delta = 2d + \lambda/2$。

根据干涉条件，当光程差为半波长的偶数倍时相互加强，出现亮纹；为半波长的奇数倍时互相减弱，出现暗纹。

因此有：$\Delta = 2d + \dfrac{\lambda}{2} = \begin{cases} 2K + \dfrac{\lambda}{2} & K = 1,\ 2,\ 3,\ \cdots ; \text{出现亮纹} \\[2mm] (2K+1)\dfrac{\lambda}{2} & K = 0,\ 1,\ 2,\ \cdots ; \text{出现暗纹} \end{cases}$

光程差 $\Delta$ 取决于产生反射光的薄膜厚度。相同空气厚度的地方对应同一条干涉条纹，故称为等厚干涉。

2. 牛顿环原理。

当一块曲率半径很大的平凸透镜的凸面放在一块光学平板玻璃上时，在透镜的凸面和平板玻璃间形成一个上表面是球面，下表面是平面的空气薄层，其厚度从中心接触点到边缘逐渐增加。离接触点等距离的地方，厚度相同，等厚膜的轨迹是以接触点为中心的圆。

如图3所示，当透镜凸面的曲率半径 $R$ 很大时，在 $P$ 点处相遇的两反射光线的几何程差为该处空气间隙厚度 $d$ 的两倍，即 $2d$。又因这两条相干光线中一条光线来自光密媒质面上的反射，另一条光线来自光疏媒质上的反射，它们之间有一附加的半波损失，所以在 $P$ 点处得两相干光的总光程差为：

$$\Delta = 2d + \lambda/2 \qquad (1)$$

当光程差满足：$\Delta = (2m+1)\dfrac{\lambda}{2}$　$m = 0,\ 1,\ 2,\ \cdots$ 时，为暗条纹

$\Delta = 2m\dfrac{\lambda}{2}$　$m = 1,\ 2,\ 3,\ \cdots$ 时，为明条纹

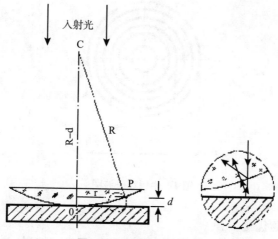

图3　凸透镜干涉光路图

设透镜 $L$ 的曲率半径为 $R$，$r$ 为环形干涉条纹的半径，且半径为 $r$ 的环形条纹下面的空气厚度为 $d$，则由图 2 中的几何关系可知：$R^2 = (R - d)^2 + r^2 = R^2 - 2Rd + d^2 + r^2$。

因为 $R$ 远大于 $d$，故可略去 $d^2$ 项，则可得：

$$d = \frac{r^2}{2R} \qquad (2)$$

这一结果表明，离中心越远，光程差增加越快，所看到的牛顿环也变得越来越密。将式（2）代入式（1）有：$\Delta = \frac{r^2}{R} + \frac{\lambda}{2}$，则根据牛顿环的明暗纹条件可得，牛顿环的明、暗纹半径分别为：$r_m = \sqrt{mR\lambda}$（暗纹）

$$r'_m = \sqrt{(2m - 1) R \frac{\lambda}{2}} \text{（明纹）}$$

式中 $m$ 为干涉条纹的级数，$r_m$ 为第 $m$ 级暗纹的半径，$r'_m$ 为第 $m$ 级明纹的半径。

以上两式表明，当 $\lambda$ 已知时，只要测出第 $m$ 级亮环（或暗环）的半径，就可计算出透镜的曲率半径 $R$；相反，当 $R$ 已知时，即可算出 $\lambda$。

如图 4 所示，观察牛顿环时将会发现，牛顿环中心不是一点，而是一个不甚清晰的暗或亮的圆斑。其原因是透镜和平玻璃板接触时，由于接触压力引起形变，使接触处为一圆面，又因镜面上可能有微小灰尘等存在，从而引起附加的程差，这些会给测量带来较大的系统误差。

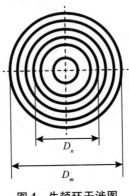

图 4  牛顿环干涉图

3. 牛顿环实验优化。

我们可以通过测量距中心较远的、比较清晰的两个暗环纹的半径的平方差来消除附加程差带来的误差。假定附加厚度为 $a$，则光程差为：

$$\Delta = 2(d \pm a) + \frac{\lambda}{2} = (2m+1)\frac{\lambda}{2}$$

则 $d = m \cdot \frac{\lambda}{2} \pm a$，将 $d$ 代入式（1）可得：$r^2 = mR\lambda \pm 2Ra$

取第 $m$、$n$ 级暗条纹，则对应的暗环半径为：

$$r_m^2 = mR\lambda \pm 2R\lambda$$

$$r_n^2 = nR\lambda \pm 2R\lambda$$

将两式相减，得 $r_m^2 - r_n^2 = (m-n)R\lambda$。由此可见 $r_m^2 - r_n^2$ 与附加厚度 $a$ 无关。由于暗环圆心不易确定，故取暗环的直径替换，因而，透镜的曲率半径为：

$$R = \frac{D_m^2 - D_n^2}{4(m-n)\lambda} \tag{3}$$

由式（3）可以看出，半径 $R$ 与附加厚度无关，且有以下特点：

（1）$R$ 与环数差 $m-n$ 有关。

（2）对于 $(D_m^2 - D_n^2)$，由几何关系可以证明两同心圆直径平方差等于对应弦的平方差。因此，测量时无须确定环心位置，只要测出同心暗环对应的弦长即可。

本实验中，入射光波长已知（$\lambda = 589.3\text{nm}$），只要测出 $(D_m, D_n)$，就可求得透镜的曲率半径。

【实验内容和步骤】

1. 调节牛顿环仪上螺钉，用眼睛观察，使牛顿环的中心处于牛顿环仪的中心。

2. 将牛顿环仪置于移测显微镜平台上，开启钠光灯，调节半反射镜，使钠黄光充满整个视场，此时显微镜中的视场由暗变亮。

3. 调节显微镜。先调节目镜到清楚地看到叉丝且分别与 X、Y 轴大致平行，然后将目镜固定紧。调节显微镜的镜筒使其下降（注意，应该从显微镜外面看，而不是从目镜中看），靠近牛顿环时，再自下而上缓慢地再上升，直到看清楚干涉条纹，且与叉丝无视差。

4. 观察条纹的分布特征。查看各级条纹的粗细是否一致，条纹间隔是否一样。

5. 测量暗环的直径。转动读数显微镜测微鼓轮，同时在目镜中观察，使十字刻线由牛顿环中央缓慢向一侧移动然后退回第 20 环，自 20 环开始单方向移动十字刻线，每移动一环即记下相应的读数，直到第 11 环，即 $X_{20}$、$X_{19}$、$X_{18}$……直到 $X_{11}$，继续转动测微鼓轮；穿过中心暗斑，继续测出另一侧相应暗环的位置读数：由 $X_{10}'$ 直到 $X_{20}'$。

6. 将实验数据记录在数据表格中，根据式（3）计算透镜的曲率半径 $R$。

**【数据及处理】**

将测量数据填入表1。

表1　　　　　　　　　　　测量牛顿环的直径数据表格

| 级数 K | 读数（mm）左 | 读数（mm）右 | $D_m$（mm） | $D_m^2$（mm$^2$） | $D_{m+5}^2 - D_m^2$（mm$^2$） |
|---|---|---|---|---|---|
| 20 | | | | | |
| 19 | | | | | |
| 18 | | | | | |
| 17 | | | | | |
| 16 | | | | | |
| 15 | | | | | |
| 14 | | | | | $D_{m+5}^2 - D_m^2$ |
| 13 | | | | | 的平均值为： |
| 12 | | | | | |
| 11 | | | | | |

计算出牛顿环的曲率半径 $R$。

测量结果：牛顿环曲率半径为 $R = \bar{R} \pm \Delta\bar{R}(m) = \pm$ _____（$m$）。

**【注意事项】**

1. 使用读数显微镜进行测量时，手轮必须向一个方向旋转，中途不可倒退。

2. 读数显微镜镜筒必须自下而上移动，切莫让镜筒与牛顿环装置碰撞。

3. 钠光灯在关之后了必须5分钟后再开（停电时也必须如此操作）。

4. 在实验时不要用手去触摸光学仪器光学面或让其与其他东西相接触，因为这样极易磨损精致的光学表面，这点在实验中千万小心，若有不洁需要用专门的擦镜纸擦拭。

**【问题与反思】**

1. 观察牛顿环为什么选用钠光灯作光源？若用白光照射将如何？

2. 为什么实验中测的是牛顿环的直径而不是半径？

3. 使用读数显微镜进行测量时，为什么读数显微镜镜筒必须自下而上移动？

4. 使用读数显微镜进行测量时，手轮为什么必须向一个方向旋转，中途不可倒退？

5. 如果平板玻璃上有微小的凸起，将导致牛顿环条纹发生畸变，试问该处的牛顿环将局部内凹还是局部外凸？

# 实验二十二　分光计的使用

**【知识准备】**

1. 光的衍射定义。

2. 光栅定义以及光栅方程公式。

**【实验目的】**

1. 了解分光计的构造、工作原理、调节和使用方法。

2. 学会观察光线通过光栅后的衍射现象。

3. 学会利用分光计测光波波长和光栅常数。

**【实验仪器】**

分光计（JJY 型）、钠灯、汞灯、光栅、三棱镜、平面镜。

**【仪器简介】**

光分计的结构如图 1 所示。

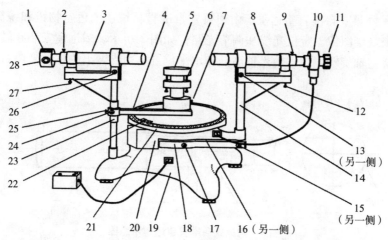

1. 平行光管狭缝装置　2. 狭缝装置锁紧螺丝　3. 平行光管镜筒　4. 游标盘制动架　5. 载物台　6. 载物台调平螺丝　7. 载物台锁紧螺丝　8. 望远镜筒　9. 目镜筒锁紧螺丝　10. 阿贝式自准直目镜　11. 目镜视度调节手轮　12. 望远镜光轴俯仰角调节螺钉　13. 望远镜光轴水平方位调节螺钉　14. 支持臂　15. 望远镜方位角微调螺钉　16. 望远镜锁紧螺钉　17. 望远镜转座与度盘锁紧螺钉　18. 望远镜制动架　19. 底座　20. 望远镜转座　21. 主刻度盘　22. 游标内盘　23. 立柱　24. 游标盘微调螺丝　25. 游标盘锁紧螺钉　26. 平行光管光轴水平方位调节螺钉　27. 平行光管光轴俯仰角调节螺钉　28. 狭缝宽度调节手轮

**图1　分光计外形图**

下面对重要部件进行详细介绍。

（1）底座：底座的中央固定一圆柱形竖轴，称为主轴，望远镜和刻度盘可绕主轴转动。

（2）平行光管：用以产生平行光束，由消色差物镜、套管和可调狭缝组成，如图2所示。狭缝的调节范围为 0 ~ 2mm，并可沿平行光管镜筒伸缩转动。平行光管安装在底座的固定立柱上，平行光管的水平和高低位置可由立柱上的螺丝微调。

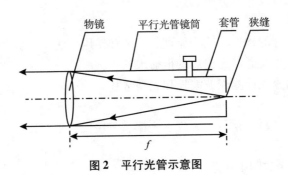

图2　平行光管示意图

（3）阿贝式自准直望远镜：由阿贝式自准直目镜、消色差物镜和镜筒组成，可以用来观察图像、定位光线和调节光路，如图3所示。望远镜安装在转动支臂上，可绕主轴旋转。望远镜光轴高低和水平位置可由支臂上的螺丝微调。

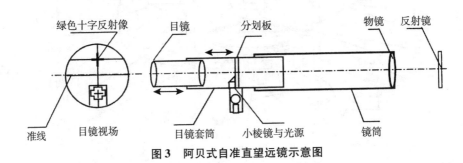

图3　阿贝式自准直望远镜示意图

阿贝目镜可沿目镜套筒移动或转动以调目镜焦距。套筒可沿镜筒移动或转动，以调节物镜焦距。目镜套筒侧面开有一小孔，小孔旁装有一小灯泡，它发出的光经45°小棱镜全反射后照亮目镜套筒内分划板上绿色小十字窗并沿望远镜筒向外传播。

（4）载物台：用以放置光栅等光学器件，可绕主轴转动，也可升高或降低，载物台有三个调平螺丝可使之与主轴垂直。

（5）刻度盘：刻度盘和游标内盘可绕主轴旋转，刻度盘上刻有720等分的刻线，每一格值为0.5度（30分），在刻度盘直径方向上对称设有两个角游标读数装置，测量时通过放大镜读出两个读数值，然后取平均值，这样可消除度盘与主轴偏心引起的误差。

读数方法与游标卡尺相似，以角游标零线为准读出刻度盘上的角度值（不估读），再读出游标上与刻度盘上刚好对齐的刻线的读数，每条刻线对应的角度为1分，对齐刻线读数乘以1分即为所求角度的分值，如果游标零线过刻度盘上的半度刻线，则读数应加上30分。

【实验原理】

本实验选用透射式平面刻痕光栅，它是在光学玻璃片上刻划大量相互平行、宽度和间距相等的刻痕制成的。当光照射在光栅上时，刻痕处不透光，光线只能在刻痕中间的狭缝中通过，因此光栅实际上是一组均匀平行排列的狭缝。

如果单色平行光垂直照射在光栅上，透过各个狭缝的光线因衍射向各个方向传播，经透镜汇聚后相互干涉，在透镜焦平面上形成一系列间距不同的明条纹。透射式光栅衍射如图4所示。

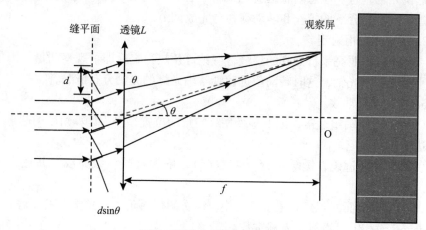

**图4 透射式光栅衍射示意图**

按照光栅衍射理论，衍射光谱中明条纹的位置由下式决定：

$$(a + b)\sin\theta_k = \pm k\lambda$$

或者 $$d\sin\theta_k = \pm k\lambda \qquad (1)$$

式（1）称为光栅方程，其中 $d = a + b$ 称为光栅常数，$\lambda$ 为入射波波长，$k$ 为明条纹级数，$\theta_k$ 为 $k$ 级明条纹对应的衍射角。

如果入射光不是单色光，由式（1）可以看出，光的波长不同其衍射角也各不相同，于是复色光被分解。而在中央处 $k = 0$，$\theta_k = 0$，各色光仍然重叠在一起，组成中央明条纹，在两侧对称分布着各级光谱，并且各级谱线都按照波长大小顺序依次排列成一组彩色谱线，这样就把复色光分解为单色光。

如果已知光谱波长，可以用分光计测出对应条纹衍射角，代入式（1）可以计算出光栅常数，同样已知光栅常数也可以测对应的光谱波长。

【实验内容和步骤】

1. 分光计的调整。

（1）按分光计的调节要求和调节方法调好分光计，即将目镜、望远镜、平行光管的焦距调好，且使望远镜、平行光管的光轴及载物台均与主轴垂直。

（2）调整望远镜与平行光管同光轴，以望远镜光轴为基准，通过调节平行光管调倾螺丝使平行光管的狭缝与望远镜分划板的纵轴重合且被其均分，然后再适当调节缝宽。

（3）取下平面镜，换上光栅，再用光栅平面做反射面，如前法调节光栅平面与望远镜光轴垂直。注意因望远镜已调好，保持和平行光管同光轴，不能再动。只通过调整载物台下的螺丝和转动载物台完成调节。

2. 观察光栅衍射现象。

点亮钠灯，照亮平行光管的狭缝，待钠灯预热稳定后即可观察测量。因望远镜和平行光管同光轴，这时转动望远镜观察钠光灯的光谱分布情况。

3. 测量光栅常数。

（1）慢慢转动望远镜，记下零级亮纹的角的位置，作为计算角度的起点。注意两边游标均做记录。

（2）转动望远镜，缓缓左旋（或右旋），依次观察各级亮纹，并逐一记录角度。

（3）根据上面的观察和记录算出相应级次的衍射角。由光栅方程（1）：$d\sin\theta_k = \pm k\lambda$ 可以算出光栅常数。

【数据及处理】

将测量数据填入表1。

表1　　　　　　　　　　　　**k = ±1 衍射角度测量记录表**

| 测量次数 | +1 级位置读数 | | −1 级位置读数 | | 中央零级位置读数 | | 衍射角 | 衍射角平均值 |
|---|---|---|---|---|---|---|---|---|
| | $\theta_{1左}$ | $\theta_{1右}$ | $\theta_{-1左}$ | $\theta_{-1右}$ | $\theta_{0左}$ | $\theta_{0右}$ | | |
| 1 | | | | | | | | |
| 2 | | | | | | | | |
| 3 | | | | | | | | |

注：求出 $k = ±1$ 衍射角带入光栅方程就可以算出光栅常数。

**【注意事项】**

1. 切忌用手触摸光学仪器和光学元件的光学表面，取放光学元件时要小心，只允许接触基座或非光学表面。三棱镜、平面镜等用完后随即放入盒内，用时再取出，以免打碎。

2. 注意不要频开、关汞灯和钠灯。

3. 狭缝宽度1mm 左右为宜，狭缝易损坏，应尽量少调，调节时要边看边调，动作要轻，切忌两缝太近。

4. 光学仪器螺钉的调节动作要轻柔，锁紧螺钉也是只锁住即可，不可用力过大，以免损坏器件。

**【问题与反思】**

1. 公式 $d\sin\theta = ±k\lambda$ 成立的条件是什么？如何实现？

2. 测量前必须使望远镜既能垂直于 A 面又能垂直于 B 面。实验中如何知道是否已达到该要求？

# 实验二十三　马吕斯定律的验证

## 【知识准备】
1. 自然光、偏振光定义。
2. 马吕斯定律公式。

## 【实验目的】
1. 了解偏振光的种类。着重了解和掌握线偏振光、圆偏振光、椭圆偏振光的产生及检验方法。
2. 了解和掌握 1/4 波片的作用及应用。
3. 了解和掌握 1/2 波片的作用及应用。
4. 验证马吕斯定律。

## 【实验仪器】
半导体激光器（它发出的波长为 650nm，激光器配有 3V 专用直流电源）、两个固定在转盘上直径为 2cm 的偏振片（注意：转盘上的 0 读数位置不一定是偏振轴所指方向）、两个固定在转盘上直径为 2cm 的 1/4 波片（注意：转盘上的 0 读数位置不一定是 1/4 波片的快轴或慢轴位置）、带光电接收器的数字式光功率计（量程有 2mW 和 200μW 二档）、光具座、遮光罩、手电筒。

## 【实验原理】
1. 偏振光的种类。

光是电磁波，它的电矢量 E 和磁矢量 H 相互垂直，且又垂直于光的传播方向。通常用电矢量代表光矢量，并将光矢量和光的传播方向所构成的平面称为光的振动面。按光矢量的不同振动状态，可以把光分为四种偏振态：如果矢量沿着一个固定方向振动，称线偏振光或平面偏振光；如果在垂直于光的传播方向内，光矢量的方向是任意的，且各个方向的振幅相等，则称为自然光；如果有的方向光矢量振幅较大，有的方向振幅较小，则称为部分偏振光；如果光矢量的大小和方向随时间进行周期性变化，且光矢量的末端在垂直于光传播方向的平面内的轨迹是圆或椭圆，则分别称为圆偏振光或椭圆偏振光。

2. 线偏振光的产生。

（1）反射和折射产生偏振。根据布儒斯特定律，当自然光以 $i_b = \arctan n$ 的入射角从空气或真空入射至折射率为 $n$ 的介质表面上时，其反射光为完全的线偏振光，振动面垂直于入射面；而其透射光为部分偏振光。$i_b$ 称为布儒斯特角。如果自然光以 $i_b$ 入射到一叠平行玻璃片堆上，则经过多次反射和折射，最后从玻璃片堆透射出来的光也接近于线偏振光。

（2）偏振片。它是利用某些有机化合物晶体的"二向色性"制成的，当自然光通过这种偏振片后，光矢量垂直于偏振片透振方向的分量几乎完全被吸收，光矢量平行于透振方向的分量几乎完全通过，因此透射光基本上为线偏振光。

3. 波晶片。

波晶片简称波片，它通常是一块光轴平行于表面的单轴晶片。一束平面偏振光垂直入射到波晶片后，便分解为振动方向与光轴方向平行的 $e$ 光和与光轴方向垂直的 $o$ 光两部分（如图1所示）。这两种光在晶体内的传播方向虽然一致，但它们在晶体内传播的速度却不相同。于是 $e$ 光和 $o$ 光通过波晶片后就产生固定的相位差 $\delta$，即：

$$\delta = \frac{2\pi}{\lambda}(n_e - n_o)l$$

式中 $\lambda$ 为入射光的波长，$l$ 为晶片的厚度，$n_e$ 和 $n_o$ 分别为 $e$ 光和 $o$ 光的主折射率。

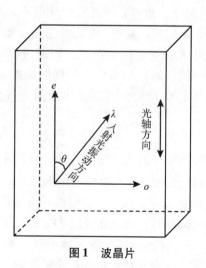

图1　波晶片

对于某种单色光，能产生相位差 $\delta = (2k+1)\pi/2$ 的波晶片，称为此单色光的 1/4 波片；能产生 $\delta = (2k+1)\pi$ 的晶片，称为 1/2 波片；能产生 $\delta = 2k\pi$ 的波晶片，称为全波片。通常波片用云母片剥离成适当厚度或用石英晶体研磨成薄片。由于石英晶体是正晶体，其 *o* 光比 *e* 光的速度快，沿光轴方向振动的光（*e* 光）传播速度慢，故光轴称为慢轴，与之垂直的方向称为快轴。对于负晶体制成的波片，光轴就是快轴。

4. 平面偏振光通过各种波片后偏振态的改变。

由图 1 可知一束振动方向与光轴成 $\theta$ 角的平面偏振光垂直入射到波片后，会产生振动方向相互垂直的 *e* 光和 *o* 光，其 *E* 矢量大小分别为 $E_e = E\cos\theta$，$E_o = E\sin\theta$ 通过波片后，二者产生一附加相位差。离开波片时合成波的偏振性质，决定于相位差 $\delta$ 和 $\theta$。如果入射偏振光的振动方向与波片的光轴夹角为 0 或 $\pi/2$，则任何波片对它都不起作用，即从波片出射的光仍为原来的线偏振光。而如果不为 0 或 $\pi/2$，线偏振光通过 1/2 波片后，出来的也仍为线偏振光，但它振动方向将旋转 $2\theta$，即出射光和入射光的电矢量对称于光轴。线偏振光通过 1/4 波片后，则可能产生线偏振光、圆偏振光和长轴与光轴垂直或平行的椭圆偏振光，这取决于入射线偏振光振动方向与光轴夹角 $\theta$。

5. 偏振光的鉴别。

鉴别入射光的偏振态须借助于检偏器和 1/4 波片。使入射光通过检偏器后，检测其透射光强并转动检偏器。若出现透射光强为零（称"消光"）现象，则入射光必为线偏振光；若透射光的强度没有变化，则可能为自然光或圆偏振光（或两者的混合）；若转动检偏器，透射光强虽有变化但不出现消光现象，则入射光可能是椭圆偏振光或部分偏振光。要进一步做出鉴别，则需在入射光与检偏器之间插入一块 1/4 波片。若入射光是圆偏振光，则通过 1/4 波片后将变成线偏振光，当 1/4 波片的慢轴（或快轴）与被检测的椭圆偏振光的长轴或短轴平行时，透射光也为线偏振光，于是转动检偏器也会出现消光现象；否则，就是部分偏振光。

6. 马吕斯定律。

按照马吕斯定律，强度为 $I_m$ 的线偏振光通过检偏器后，透射光的强度为：$I = I_0\cos^2\phi$。式中，$\phi$ 为入射光偏振方向与检偏器偏振轴之间的夹角，$I_0$ 为检偏器光轴与起偏器光轴平行时出射光强，$I_0 < I_m$（偏振片有吸收，反射）；显然，当以光线传播方向为轴转动检偏器时，透射光强度 $I$ 将发生周期性变化。当 $\phi = 0°$ 时，透射光强度最大；当 $\phi = 90°$ 时，透射光强为最小值（消光状态），接近于全暗；当 $0° < \phi < 90°$ 时，透射强度 $I$ 介于最大值和最小值之间。因此，根据透射光强度变化的情况，可以区别线偏振光、自然光和部分偏振光。图 2 表示自然光通过起偏器和检偏器的变化。

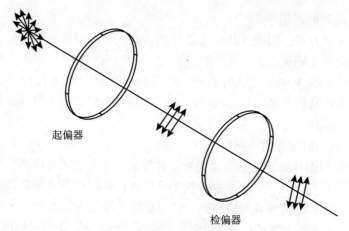

起偏器

检偏器

**图2 自然光通过起偏器和检偏器的变化**

## 【实验内容和步骤】

实验采用波长为650nm的半导体激光器，它发出的是部分偏振光，为了得到线偏振光，需要在它前面加块起偏器P。为了使实验现象最明显，我们要使透过起偏器P的线偏振光光强最强，即使偏振片的偏振轴与激光最强的线偏振分量一致。将各偏振元件按图3放好，暂时先不放波片C和检偏器A。先使P的偏振轴与激光最强的线偏振分量方向一致，这时光功率计读数最大，透过起偏器P的线偏振光功率最大。

先使A的偏振轴与激光的电矢量垂直，因此出现消光现象，记下偏振片A消光时的位置读数A（0）。然后将1/4波片C放在A前面，旋转C，使再次出现消光现象，这时1/4波片的快轴与激光电矢量方向平行或垂直，记下1/4波片C消光时位置读数C（0）。

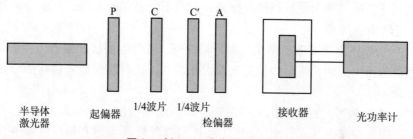

P    C    C′   A

半导体          起偏器    1/4波片  1/4波片          接收器          光功率计
激光器                          检偏器

**图3 验证1/4波片作用光路图**

1. 1/4 波片的作用。

旋转 1/4 波片 C，以改变其快（或慢）轴与入射线偏振光电矢量（即偏振片 P 偏振轴方向）之间夹角 $\theta$。当 $\theta$ 分别为 15°、30°、45°、60°、75°、90°时，将 A 逐渐旋转 360°转向）观察光强的变化情况（通过光功率计观察），记下二次最大值和最小值，并注意最大和最小值之间偏振片 A 是否转过约 90°，并由此说明 1/4 波片出射光的偏振情况。

2. 圆、椭圆偏振光的鉴别。

单用一块偏振片无法区别圆偏振光和自然光，也无法区分椭圆偏振光和部分偏振光，请设计一个实验，要求用一块 1/4 波片产生圆偏振光或椭圆偏振光，再用另一块 1/4 波片将其变成线偏振光（该线偏振光振动方向是否还和原来一致）。记录下你的实验过程和实验结果，通过这个实验，想一想：是否可借助于 1/4 波片把圆偏振光和自然光分别开来，把椭圆偏振光和部分偏振光分别开来，为什么？

3. 1/2 波片的作用（可以直接选配 1/2 波片完成此实验）。

（1）在图 4 所示的装置中，在 A 和 C 分别处于 A（0）和 C（0）位置时，在 C 和 A 之间再插入一个 1/4 波片 C′使 C 和 C′组成一个 1/2 波片，请考虑如何实现这一要求？

（2）在 P 和 A 之间放上由 C 和 C′组成一个 1/2 波片，将此波片旋转 360°，将能看到几次消光？请加以解释。

（3）将 C 和 C′组成的 1/2 波片，任意转过一个角度，破坏消光现象，再将 A 旋转 360°又能看到几次消光？为什么？

（4）改变由 C 和 C′组成的 1/2 波片的快（或慢）轴与激光振动方向之间夹角 $\theta$ 的数值，使其分别为 15°、30°、45°、60°、75°、90°。旋转 A 到消光位置，记录相应的角度 $\theta'$，解释上面实验结果，并由此了解 1/2 波片的作用。

4. 验证马吕斯定律。

利用连续通过两个偏振器的偏振光，调出不同强度的光强，测量检偏器出射光强 $I$ 与转角 $\phi$ 关系。

（1）半导体激光器输出激光为部分偏振光，在其后面放起偏器，并用探测器测量经起偏器出射的光强。当检测至最大光强时，此时起偏器光轴与部分偏振光最强方向一致。

（2）在起偏器与探测器间加检偏器，转动检偏器测量检偏器出射最大光强，记为 $I_0$，应反复多测几次，求平均值 $\overline{I_0}$ 和检偏器读数（为何必须反复多测几次求平均值）。以 $\overline{\phi_0}$ 作为 0°角，然后，每隔 10°或 15°，改变角度，测量由检偏器出射光强 $I$，用 $\ln\cos\theta$ 为自变量，$\ln I$ 为因变量，对 $\ln I - \ln\cos\theta$ 进行直线拟合，求得

函数 $I = I_0 \cos^n \phi$ 中的 $n$ 及相关系数 $r$，以此证明马吕斯定律。

图 4 为光路图：

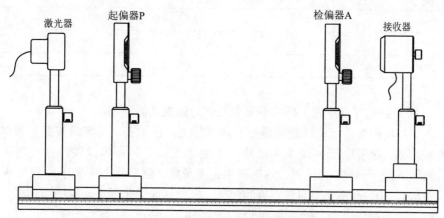

**图 4    验证马吕斯定律光路图**

**【数据及处理】**

1. 1/4 波片的作用。

当 A 的偏振轴与 P 的偏振轴垂直时，偏振片 A 消光时的位置 A（0）为 65°，在 A 与 P 之间插入 1/4 波片 C，旋转 C 到再次出现消光，C 的位置 C（0）为 136°，旋转 1/4 波片 C，改变其快（或慢）轴与入射的线偏振光电矢量之间夹角 $\theta$，当 $\theta$ 分别为 15°、30°、45°、60°、75°、90° 时，将 A 旋转 360°，观察光强的变化情况，发现出现二次极大和二次极小，二次极大或极小值基本相等，并且从极大到极小或从极小到极大，偏振片 A 都转过约 90°，由此可说明线偏振光通过 1/4 波片后，出射光可能为线偏振光，圆偏振光或椭圆偏振光，关键取决于 $\theta$，观察结果如表 1 所示。

表 1                                1/4 波片的作用

| 1/4 波片转过的角度 $\theta$ | A 转动 360°，现测到极大、极小值的光功率读数（μw） | | | 光的偏振性质 |
|---|---|---|---|---|
| 15° | | | | |
| 30° | | | | |
| 45° | | | | |

| 1/4 波片转过的角度 θ | A 转动 360°，现测到极大、极小值的光功率读数（μw） | | | | 光的偏振性质 |
|---|---|---|---|---|---|
| 60° | | | | | |
| 75° | | | | | |
| 90° | | | | | |

2. 圆偏振光与自然光、椭圆偏振光与部分偏振光的鉴别。

单用一块偏振片无法区别圆偏振光和自然光，也无法区别椭圆偏振光和部分偏振光。必须再借助于一块 1/4 波片，才能达到目的，具体做法是：按图 3 装置，先使 A 处于 A（0）位置，这时产生消光现象，然后将 1/4 波片 C 放在 A 前面，并从 C（0）位置转过 45°，再转动 A，光功率计变化很小，说明线偏振光通过该波片变成圆偏振光，然后再在 C 和 A 之间加入另一块 1/4 波片 C′，再转动 A，发现有消光现象，说明圆偏振光经 1/4 波片后变成线偏振光，而自然光通过 1/4 波片仍为自然光，这样可以将二者区分。

当 1/4 波片 C 转过的角度不为 0°、45°等一些特殊角度，线偏振光通过它出射的一般是椭圆偏振光，如用偏振片 A 检查，可发现透射光强虽有变化，但不出现消光现象，再在 C 和 A 之间加入另一块 1/4 波片 C′，使其快（或慢）轴与椭圆偏振光的长（或短）轴平行，则通过 C′透射光也为线偏振光，用偏振片 A 检查，可发现有消光现象，而部分偏振光通过 1/4 波片后，仍为部分偏振光，这样也可以将二者区分。

3. 1/2 波片的作用（可以直接选配 1/2 波片完成此实验）。

（1）分别测得 A，C 和 C′的零点位置为：A（0）为 65°、C（0）为 136°、C′（0）为 285°；

（2）将 C 和 C′组成一个 1/2 波片；

如图 3 所示的装置中，在 A 和 C 分别处于 A（0）和 C（0）位置时，在 C 和 A 之间，再插入一个 1/4 波片 C′，转动 C′，使再次出现消光现象，记下 C′（0）= 285°，这时 C′的快轴与 C 的快轴可能平行，也可能垂直，然后将 C 和 C′同时转过 15°，如果仍然出现消光现象，说明 C 和 C′快轴互相垂直，则只要将其中一块 1/4 波片转过 90°，则 C 和 C′已组成一个 1/2 波片。如不再出现消光现象，说明 C 和 C′已组成一个 1/2 波片，转动 A 到再次出现消光现象，记录相应的角度 θ′为 95°，可见线偏振光通过 1/2 波片后出射的仍为线偏振光，只是偏振方向转过 30° 即 2θ，使 1/2 波片的快（或慢）轴与线偏振光振动方向之间夹角 θ 分别为 30°、

45°、60°、75°、90°。转 A 到消光位置，记录相应的角度 $\theta'$，可进一步验证这一点。

请将实验数据填入表 2。

表 2　　　　　　　　　　　　　　1/2 波片的作用

| $\theta'$ | $\theta$ | 线偏振光经 1/2 波片后震动方向转过角度 |
|---|---|---|
| 95° | 15° | 30° |
| 125° | 30° | 60° |
|  |  |  |
|  |  |  |
|  |  |  |
|  |  |  |

4. 马吕斯定律的验证。

$$I = I_0 \cos^n \Phi$$

式中，$I_0$ 为检偏器光轴与偏振光电矢量同方向时输出的最大光强。$I$ 为检偏器光轴与偏振光电矢量夹角为 $\Phi$ 时输出的光强，$n$ 为待定常数。

请将实验数据填入表 3。

表 3　　　　　　　　　　　　　验证马吕斯定律结果

| $\Phi_0$ （°） | $\Phi_1$ （°） | $\Phi$ （°） | $I$ （uW） | $\cos\Phi$ |
|---|---|---|---|---|
|  |  |  |  |  |
|  |  |  |  |  |
|  |  |  |  |  |
|  |  |  |  |  |
|  |  |  |  |  |
|  |  |  |  |  |
|  |  |  |  |  |
|  |  |  |  |  |

注：转角 $\Phi = \Phi_1 - \Phi_0$；$\Phi_0$ 为检偏器光轴与偏振光电矢量同方向时的角度读数值。

请用 $\ln I'$ 和 $\ln^{\cos\Phi}$ 进行直线拟合，确定待定系数 $n =$ _____，相对误差为 _____，并写出结论。

**【注意事项】**

1. 实验中的角度是指转动刻度并非刻度值。

2. 实验要求光垂直入射偏振片、波片。

**【问题与反思】**

1. 怎样鉴别自然光、部分偏振光和线偏振光？

2. 怎样区别圆偏振光和椭圆偏振光？

3. 怎样区别椭圆偏振光和部分偏振光？

4. 怎样区别圆偏振光和部分偏振光？

5. 线偏振光经过 1/4 波片、1/2 波片后，偏振状态发生了什么变化？

# 实验二十四　偏振光的产生和检验

## 【知识准备】

1. 什么是偏振光。

2. 偏振光的产生方式与检验方法。

## 【实验目的】

1. 掌握常用的产生与检验偏振光的原理和方法。

2. 掌握利用波片获得（或检测）圆偏振光与椭圆偏振光的原理和方法。

## 【实验仪器】

白光源、可调狭缝、光学测角台、黑玻璃镜、偏振片 2 片、1/4 波片（$\lambda =$ 632.8nm）、偏振片波片架 3 个、透镜架、氦氖激光器、激光器架、冰洲石及转动架、扩束器、凸透镜（$f' = 150$mm）。

## 【实验原理】

1. 偏振光。

自然光：一般光源发光，由于大量原子或分子的热运动和辐射的随机性，光振动（以电矢量 $E$ 表示）没有哪个方向特别占优势，就是自然光。

偏振光：自然光经过介质的反射、折射或吸收以后，会使某一方向上的光振动占优势，成为部分偏振光。若光振动在传播过程中局限于包含传播方向的一个确定平面内，则称作平面偏振光或线偏振光，如图 1 所示。

若偏振光的电矢量末端在垂直于传播方向的平面上运动的轨迹成椭圆形或圆形，则称椭圆偏振光或圆偏振光。

2. 偏振光的产生与检验。

（1）由二向色性产生偏振光。

有些材料对自然光在内部产生的偏振分量具有选择吸收作用，即对一种振动方向的线偏振光吸收特强，而对与此振动方向垂直的线偏振光吸收很少，这就是二向色性。

H 型偏振片是在长链聚合物的被拉伸薄膜内的碳氢链上附着了碘做成的膜片。大量含碘长链分子的平行排列构成了间隙小于光波波长的栅格。因碘原子具有高传导性，平行于长链分子的电场分量容易被吸收，而与它垂直的分量容易通过（如图 2 所示），所以能够用来产生和检验偏振光。

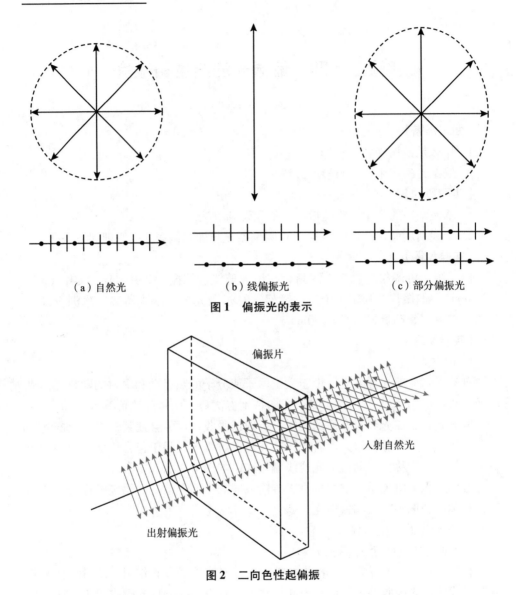

（a）自然光　　　　　　（b）线偏振光　　　　　　（c）部分偏振光

图1　偏振光的表示

图2　二向色性起偏振

（2）由反射产生偏振光。

当自然光倾斜地投射到两种介质（例如空气和玻璃）分界面时，反射光和透射（折射）光一般都是部分偏振光。当入射角为某一角度 $i_b$ 时，反射光线为线偏振光，此时反射光线和折射光线成 $90°$ 角，那么折射角 $i_2 = 90° - i_b$，所以 $n_1 \sin i_b = n_2 \sin(90° - i_b) = n_2 \cos i_b$，则：$i_b = \text{actan} \dfrac{n_2}{n_1}$，此时的入射角 $i_b$ 称为布儒斯特角。如当光从空气射入玻璃，约 $i_b = 57°$，如图 3 所示。

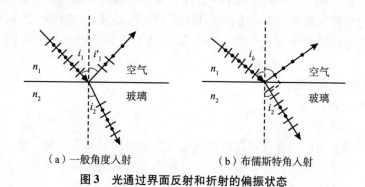

（a）一般角度入射　　　　　　（b）布儒斯特角入射

**图 3　光通过界面反射和折射的偏振状态**

（3）由晶体双折射产生偏振光。

自然光入射某些各向异性晶体时发生折射，同时分解成两束平面偏振光以不同速度在晶体内传播的现象称作晶体的双折射。例如一束自然光进入冰洲石后产生两束光，其中一束遵循常规的折射定律，称作寻常光（$o$ 光）；另一束不遵循折射定律，即折射光线可以不在入射面内，并且入射角正弦和折射角正弦的比值不为常数，随入射角而变。这束光称非寻常光（$e$ 光）。图 4 表示一束自然光垂直入射冰洲石晶体后，寻常光径直通过晶体，非寻常光发生了折射，从晶体输出的是两束振动方向不同的线偏振光。

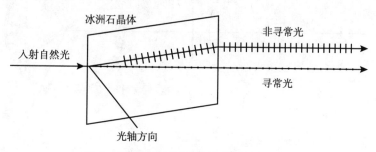

**图 4　自然光通过冰洲石晶体时的偏振态**

（4）圆偏振光和椭圆偏振光的产生（此部分原理及实验可作为单独的一次实验）。

圆偏振光和椭圆偏振光的光矢量可以被认为是相互垂直且相位差为 90° 的两个分量的合成，可以用线偏振光垂直入射到 1/4 波片实现这样的两个光分量。当

1/4 波片的光轴方向与线偏振光的振动方向成 45°或 135°角时，被 1/4 波片分解的两束光的光矢量大小相同，从 1/4 波片出来后合成的是圆偏振光；当 1/4 波片的光轴方向与线偏振光的振动方向成 45°或 135°角以及 0°或 180°以外的角度时，被 1/4 波片分解的两束光光矢量大小不同，从 1/4 波片出来后合成的是椭圆偏振光。

**【实验内容和步骤】**

1. 偏振光的产生与检验。

（1）二向色性起偏振。

在光具座上前后平行地架起两片偏振片，朝向均匀的面光源。前一片是起偏器，后一片就是检偏器。在检偏器转动过程中观察偏振光强度的变化。

（2）由反射产生偏振光。

①将白光源、凸透镜（$f' = 150mm$）、可调狭缝和光学测角台分别装在光具座上，调等高共轴，并使灯丝位于凸透镜的焦平面上（此时滑动座相距约 162mm），近似于平行光束通过狭缝后，在光学测角台上显出光迹。

②然后把黑玻璃沿 90°–90°线稳固地立在台面上，再将安在偏振片波片架上的偏振片 A 装在光学测角台的转臂上（见图5）转动光学测角台，使光束以任意角度入射，用检偏器 A 接收反射光。

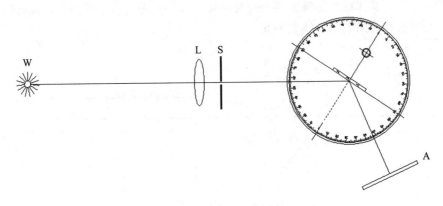

**图5 由反射产生偏振光实验装置图**

注：图中 W 表示白光源，L 表示凸透镜，S 表示狭缝，A 表示偏振片。

③当转动 A 时，从 A 透射出的光束有明暗变化，表明反射光是部分偏振光；入射角变化，反射光束通过转动的偏振片 A，会呈现不同程度的明暗变化；而当入射角为 57°时，可见反射光被检偏器消除的现象（视场近乎全暗），即此时的

反射光为线偏振光，这个入射角即布儒斯特角。因线偏振光的振动面垂直于入射面，所以按检偏器的消光方位能够定出偏振片的偏振轴（易透射轴）。

（3）由晶体双折射产生偏振光。

①将冰洲石及转动架安在光具座上，使白光源发出的光束通过转动架上的一个小孔入射到冰洲石晶体，在适当距离用眼睛直接观察双折射的出射光束。

②转动冰洲石的圆筒，根据出射光束随之发生的变化来判断寻常光和非寻常光。最后用一个检偏器确定 $o$ 光和 $e$ 光振动方向的关系。

2. 椭圆偏振光和圆偏振光的产生及检验。

（1）椭圆偏振光。

①使氦氖激光通过扩束器 BE 和狭缝 S，以布儒斯特角 $i_b$ 入射立在光学测角台上的黑玻璃镜 BG，产生线偏振光。

②通过装在转动臂上的 1/4 波片 Q 之后产生椭圆偏振光。

③将双向延伸架插入一个滑动座，装上检偏器 A 和白屏 C，锁紧后置入反射光路（见图6）。用检偏器在转动中观察透射光强变化，确认是否有两明两暗现象。在暗位置，检偏器的透振方向即椭圆的短轴方向。

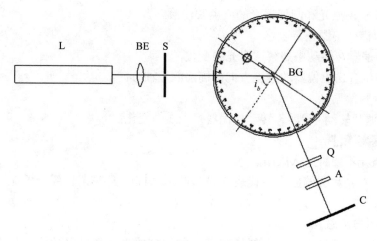

**图6 椭圆偏振光的产生实验装置图**

（2）圆偏振光。

①在光具座一头，氦氖激光器通过扩束器发出波长 632.8nm 的扩束激光，另一头在透振轴正交的两个偏振片（起偏器和检偏器）之间，加入 1/4 波片。

②先转动波片直到透射光强恢复为零，再从该位置转动波片45°即可产生圆

偏振光，此时转动检偏器，观察透射光的光强。

**【数据记录与处理】**

1. 偏振光的产生与检验。

（1）二向色性起偏振。

检偏器转动过程中偏振光强度的变化：

①固定起偏器，转动检偏器，记录最大、最小时偏振片的方位。

②改变起偏器方位，重复 3 次。

（2）由反射产生偏振光。

①记录光以 30°、40°、50°、60°、70° 角度入射时，光强最大和最小时偏振片的方位。

②记录光以 57° 角度入射，消光时和光强最大时偏振片的方位，由此定出偏振片的易透射轴。

（3）由晶体双折射产生偏振光。

①判断哪个光点是寻常光，哪个光点是非寻常光，画图表示。

②记录寻常光消光时偏振片的方位、非寻常光消光时偏振片的方位，由此判断寻常光、非寻常光振动面的关系。

2. 椭圆偏振光和圆偏振光的产生及检验。

（1）椭圆偏振光。

用检偏器在转动中观察透射光强变化。

在暗位置，检偏器的透振方向即椭圆的短轴方向。

（2）圆偏振光。

1/4 波片转动 45° 后，转动检偏器，光强的变化。

**【注意事项】**

1. 激光不要直射入眼睛。

2. 自然光和圆偏振光不代表光斑是圆形，椭圆偏振光和部分偏振光不代表光斑是椭圆。

**【问题与反思】**

1. 切实感性地认识以布儒斯特角入射的自然光，其反射的线偏振光的光振动方向是怎样的？

2. 除了本实验中提到的产生椭圆偏振光和圆偏振光的实验方案，你还能想出什么方案？

# 实验二十五　旋光计测量糖溶液的浓度

## 【知识准备】

1. 偏振光、旋光现象。

2. 公式 $\Delta\varphi = \alpha CL$。

## 【实验目的】

1. 熟悉旋光计的构造及测量原理。

2. 观察旋光现象，掌握用旋光计测定旋光性物质溶液浓度的方法。

3. 了解一些药物的旋光性与其生理活性的联系。

## 【实验仪器】

WXG 型旋光计、蔗糖溶液（已知浓度和未知浓度两种）。

## 【仪器简介】

该仪器为三荫板式旋光计。它的构造如图 1 所示，外形如图 2 所示。

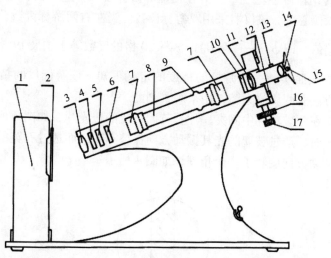

1. 光源　2. 毛玻璃　3. 聚光镜　4. 滤色片　5. 起偏器　6. 三荫板　7. 测试管端螺帽　8. 测试管　9. 测试管凸起部分　10. 检偏器　11. 望远镜物镜　12. 读盘和游标　13. 望远镜调焦手轮　14. 望远镜目镜　15. 游标读数放大镜　16. 度盘转动细调手轮　17. 度盘转动粗调手轮

**图 1　旋光计构造示意图**

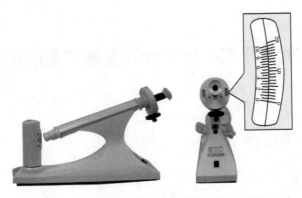

图2 旋光计外形图

为了便于操作，仪器光路系统相对于水平面倾斜 20° 安装在基座上。光源 1 采用 20W 钠光灯，波长为 589.3nm。从钠光灯光源射出的光线通过会聚光镜 （3）和滤色片（4）成为单色平行光，然后经过起偏器（5）变成有一定振动方向的偏振光，再经过三荫板（6）和测试管（8）后到达检偏器（10）。通过望远镜目镜（14）观察从检偏器射出的光线。可以同时转动度盘转动细调手轮 (16)、度盘转动粗调手轮（17）并在读盘和游标（12）上读出转动角度。

为了消除偏心差，该仪器采用双游标读数。当左右两游标读数分别为 $A$ 和 $B$ 时，应取平均值，即 $\phi = \dfrac{1}{2}(A+B)$。游标 20 格的度数等于主尺 19 格的度数，主尺一格为 1°，按照实验一对游标的精度的定义可知，该游标尺的精度为 0.05°。游标窗的前方装有两块放大镜，用来观察刻度。

三荫板是在两玻璃片中间夹一片石英而组成的透光片，如图 3 所示。当偏振光通过三荫板时，透过玻璃的光其振动方向保持不变，而透过石英的光由于旋光作用使光的振动方向旋转了一个角度，如图 4 所示。

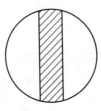

图3 三荫板

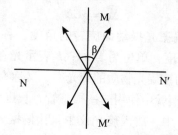

**图4 通过三荫板后的偏振光矢量图**

当玻璃管中无旋光物质时，旋转检偏器，使其偏振化方向与三荫板玻璃透过光的振动方向垂直，三荫板中两玻璃透出的光完全不能透过检偏器，而中间石英透过的光可以部分通过检偏器，从目镜中观察时，会出现左右黑暗中间稍亮的情形 A（见图5）；旋转检偏器，使它的偏振化方向与中间石英透出的光的振动方向垂直时，则中间光线完全不能透过检偏器，而两玻璃片透出的光可部分透过检偏器，这样视场出现中间全暗左右稍亮的情形 B（见图5）；当检偏器的偏振化方向垂直于石英和玻璃透光夹角的平分线时，三荫板左中右三部分光振动的振幅在检偏器的偏振化方向的分量均相同，则通过检偏器的光强三部分均相同，视场呈现均匀明亮程度的情形 C（见图5），这时，左中右三部分的分界线消失，这一情况，人眼容易判断。找出视场呈 C 情形是本实验关键所在，找出此情形后可进行测量读数。

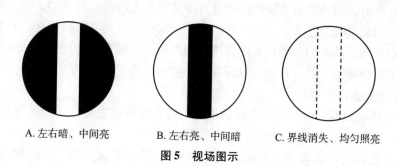

A. 左右暗、中间亮　　　B. 左右亮、中间暗　　　C. 界线消失、均匀照亮

**图5 视场图示**

## 【实验原理】

让平面偏振光透过旋光物质，在观察者迎着光源观察的情况下，使振动面沿着顺时针方向旋转的物质称为右旋物质，使振动面沿着逆时针方向旋转的物质称为左旋物质。在给定波长的情况下，对液体而言，这个角度还与旋光物质的浓度成正比，其关系可表示为：

$$\Delta\varphi = \alpha CL \tag{1}$$

式（1）中 $\Delta\varphi$ 表示偏振光振动面旋转的角度，称为旋光度，它的单位为度（°）；$C$ 表示液体的浓度，单位为 g/ml；$L$ 表示光在溶液中通过的长度，单位为 dm；比例常数 $\alpha$ 称为该旋光物质的旋光率，又称为比旋度。

本实验采用比较法，实验中使用同一根试管，长度为 $L$，首先把已知浓度为 $C_1$ 的糖溶液装入玻璃试管中，放入旋光仪中，让偏振光透过该溶液，使用旋光仪测量其振动面旋过的角度 $\Delta\varphi_1$。据式（1），有：

$$\Delta\varphi_1 = \alpha C_1 L \tag{2}$$

改用同种溶质、不同浓度 $C_x$（待测）的糖溶液，其旋光率仍为 $\alpha$，重复上述实验步骤，测得其旋过的角度为 $\Delta\varphi_x$，据式（1）也有：

$$\Delta\varphi_x = \alpha C_x L \tag{3}$$

比较式（2）和式（3），则有：

$$C_x = \frac{\Delta\varphi_x}{\Delta\varphi_1} C_1 \tag{4}$$

这样即可求出待测溶液糖溶浓度的大小。

如果溶液的浓度为已知，则能计算出物质在某一温度下的旋光率 $\alpha$。分子结构的不对称性是造成这种物质具有旋光性的原因，因此，可以通过对旋光现象的观察来鉴定旋光性溶质的性质，以及研究物质的分子结构和结晶形状。物质的旋光性又是和它的生理活性密切相关的。例如，某些药物中具有左旋特性的成分是对生物有效的，而具有右旋特性的成分可能是完全无用的。又比如，某些物质用特定的溶剂配制时为左旋；以另一种溶剂配制时又表现为右旋。因此，对旋光现象的观察还能帮助我们分析药物的作用机制和研究怎样通过合理的溶质、溶剂的配制来提高药物的疗效，这在药物分析及制剂中经常要用到。

**【实验内容和步骤】**

1. 开机和预调。先打开旋光计的电源，待光源稳定发光后（约 5 分钟），调整目镜，利用三分视场进行聚焦，使视场清晰。

2. 校正旋光计的零点。将装满清水的试管置于测试管架上，旋转刻度盘，调整检偏器的位置，找到左右黑中间亮的情形 A 后，继续旋转刻度盘，立即出现左右稍亮中黑暗的情形 B，在 A、B 之间微调刻度盘，找准分界线消失视场均匀亮度的情形 C，记下刻度盘位置读数 $\varphi_0$、$\varphi_0'$，填入表 1 和表 2 中。旋转检偏器使三部分视场暗度相等，记下刻度盘读数，重复测量 3 次，将读数记入数据记录表中。

3. 试管装入已知浓度的糖溶液，类似步骤 2，找到分界线消失视场均匀亮度的情形 C，此时记下刻度盘位置读数 $\varphi_1$、$\varphi_1'$，填入表 1 和表 2 中。重复测量 3 次，并求出平均值 $\overline{\varphi_0}$、$\overline{\varphi_1}$、$\overline{\varphi_0'}$、$\overline{\varphi_1'}$，此时 $\varphi_1 - \varphi_0$ 或 $\varphi_1' - \varphi_0'$ 即是偏振光通过已知浓度的糖溶液时旋转的角度 $\Delta\varphi_1$。

4. 试管装入未知浓度的糖溶液，重复步骤 3，并记录数据 $\varphi_x$、$\varphi_x'$，这时可求得偏振光通过未知浓度的糖溶液时旋转的角度 $\Delta\varphi_x$。

5. 重复步骤 3 和步骤 4 三次，数据填入表中。

6. 利用式（4）求出未知糖溶液的浓度 $C_x$。

**【数据及处理】**

表 1 　　　　　　　　　　　　　　　左游标读数 　　　　　　　　　　　　　单位：度

| 次数 | 左游标读数测量值 | | | | |
|---|---|---|---|---|---|
| | $\varphi_0$ | $\varphi_1$ | $\varphi_x$ | $\Delta\varphi_{1左} = \overline{\varphi_1} - \overline{\varphi_0}$ | $\Delta\varphi_{x左} = \overline{\varphi_x} - \overline{\varphi_0}$ |
| 1 | | | | | |
| 2 | | | | | |
| 3 | | | | | |
| 平均值 | | | | | |

表 2 　　　　　　　　　　　　　　　右游标读数 　　　　　　　　　　　　　单位：度

| 次数 | 右游标读数测量值 | | | | |
|---|---|---|---|---|---|
| | $\varphi_0'$ | $\varphi_1'$ | $\varphi_x'$ | $\Delta\varphi_{1右} = \overline{\varphi_1'} - \overline{\varphi_0'}$ | $\Delta\varphi_{x右} = \overline{\varphi_x'} - \overline{\varphi_0'}$ |
| 1 | | | | | |
| 2 | | | | | |
| 3 | | | | | |
| 平均值 | | | | | |

结果：
$$\overline{\Delta\varphi_1} = \frac{1}{2}\left[\Delta\varphi_{1左} + \Delta\varphi_{1右}\right] \quad \overline{\Delta\varphi_x} = \frac{1}{2}\left[\Delta\varphi_{x左} + \Delta\varphi_{x右}\right]$$

$$C_x = \frac{\overline{\Delta\varphi_x}}{\overline{\Delta\varphi_1}}C_1$$

**【注意事项】**

1. 仪器连续使用不宜超过 4 小时，以免灯管温度太高，亮度下降，影响寿命。

2. 视场模糊不清问题的自我检查：（1）聚焦是否良好；（2）测试管中若有

气泡，是否让其浮在凸颈处；（3）是否用软布或擦镜纸擦干净试管通光面两端的玻璃片。

3. 不宜将测试管两端的封口螺帽旋得太紧，以免影响读数。

4. 一定要将测试管擦净后才能放入旋光仪的测试管架内，保持旋光仪的清洁。

【问题与反思】

1. 旋光计中三荫板起什么作用？

2. 在装溶液于管中时，若有气泡，对实验产生什么影响，该如何处理？

3. 本实验中如果没有校正旋光仪的零点，对实验结果有无影响？

# 实验二十六　温度传感器 AD590 特性测量与应用

【知识准备】

1. 了解各种传感器工作的物理原理。

2. 数字温度计的工作原理。

【实验目的】

1. 测量 AD590 输出电流和温度的关系，计算传感器灵敏度及 0℃时传感器输出电流值。

2. 测量集成温度传感器 AD590 在某恒定温度时的伏安特性曲线，求出 AD590 线性使用范围的最小电压 $U_r$。

【实验仪器】

智能式数字恒温控制仪、数字电压表、稳压输出电源、可调式磁性搅拌器以及 2000ml 烧杯、加热器、玻璃管（内放变压器油和被测集成温度传感器）。

【仪器简介】

1. AD590 为两端式集成电路温度传感器的管脚引出端有两个，如图 1 所示：序号 1 接电源正端 U +（红色引线）。序号 2 接电源负端 U −（黑色引线）。至于序号 3 连接外壳，它可以接地，有时也可以不用。AD590 工作电压为 4 ~ 30V，通常工作电压 6 ~ 15V，但不能小于 4V，小于 4V 出现非线性。

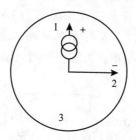

**图 1　AD590 管脚接图**

2. 仪器使用方法。

（1）使用前将电位器调节旋钮逆时针方向旋到底，把接有 DS18B20 传感器接线端插头插在后面的插座上，DS18B20 测温端放入注有少量油的玻璃管内（直径 16mm）；在 2000ml 大烧杯内注入 1600ml 的净水，放入搅拌器和加热器后盖上铝盖并固定。

（2）接通电源后待温度显示值出现 "B = =. =" 时可按 "升温" 键，设定用户所需的温度，再按 "确定" 键，加热指示灯发光，表示加热开始工作，同时显示 "A = =. =" 为当时水槽的初始温度，再按 "确定" 键显示 "B = =. =" 表示原设定值，重复确定键可轮换显示 A、B 值；A 为水温值，B 设定值，另有 "恢复" 键可以重新开始。

【实验原理】

AD590 集成电路温度传感器是由多个参数相同的三极管和电阻组成的。该器件的两端当加有某一定直流工作电压时（一般工作电压可在 4.5 ~ 20V 范围内），它的输出电流与温度满足如下关系：

$$I = B\theta + A$$

式中，$I$ 为其输出电流，单位 $\mu A$，$\theta$ 为摄氏温度，$B$ 为斜率（一般 AD590 的 $B = 1\mu A/℃$，即如果该温度传感器的温度升高或降低 1℃，那传感器的输出电流增加或减少 $1\mu A$），$A$ 为摄氏零度时的电流值，其值恰好与冰点的热力学温度 273K 相对应（对市售一般 AD590，其 $A$ 值从 273 ~ 278$\mu A$ 略有差异）。利用 AD590 集成电路温度传感器的上述特性，可以制成各种用途的温度计。采用非平衡电桥线路，可以制作一台数字式摄氏温度计，即 AD590 器件在 0℃ 时，数字电压显示值为 "0"，而当 AD590 器件处于 $\theta$℃ 时，数字电压表显示值为 "$\theta$"。

【实验内容和步骤】

1. AD590 传感器温度特性测量。

按图 2 接线（AD590 的正负极不能接错）。测量 AD590 集成电路温度传感器的电流 $I$ 与温度 $\theta$ 的关系，取样电阻 $R$ 的阻值为 1000$\Omega$，将数据填入表 1。把实验数据用最小二乘法进行拟合，求斜率 $B$ 截距 $A$ 和相关系数 $r$。实验时应注意 AD590 温度传感器为二端铜线引出，为防止极间短路，两铜线不可直接放在水中，

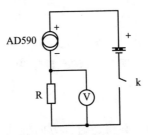

图 2 AD590 温度特性测量

应用一端封闭的薄玻璃管套保护，其中注入少量变压油，使之有良好热传递（注意实验中如何保证 AD590 集成温度传感器与水银温度计处在同一温度位置）。

2. AD590 传感器的输出电流和工作电压关系测量。

将 AD590 传感器处于恒定温度，将直流电源、AD590 传感器、电阻箱、直流电压表等按图 3 接电路线。调节电源输出电压从 1.5 ~ 10V，测量加在 AD590 传感器上的电压 $U$ 与输出电流 $I(I = U_R/R)$ 的对应值，要求实验数据 10 点以上。用坐标纸做 AD590 传感器输出电流 $I$ 与工作电压 $U$ 的关系图，将数据填入表 2 求出该温度传感器输出电流与温度呈线性关系的最小工作电压 $U_r$。

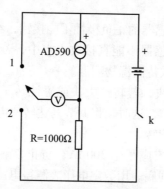

图3　AD590 伏安特性测量（温度恒定）

【数据及处理】

1. 测量 AD590 传感器输出电流 $I$ 和温度 $\theta$ 之间的关系。求 $I - \theta$ 关系的经验公式。

表1　　　　　　　　　　　　　AD590 传感器温度特性测量

| $\theta$ (℃) | | | | | | | |
|---|---|---|---|---|---|---|---|
| $U_R$ (V) | | | | | | | |
| $I$ (μA) | | | | | | | |

表 1 数据用 Casio − 3600 计算器最小二乘法拟合得：

斜率 $B =$ _____ A/℃；

截距 $A =$ _____ μA；

相关系数 $r =$ _____；

所以，$I - \theta$ 关系为：I = _____。

2. 测量 AD590 传感器的伏安特性。

表 2          AD590 传感器伏安特性测量 （$\theta = 3.0\,℃$，$R = 10000\,\Omega$）

| $U$ （V） | | | | | | | | | | |
|---|---|---|---|---|---|---|---|---|---|---|
| $UR$ （V） | | | | | | | | | | |
| $I$ （μA） | | | | | | | | | | |

**【注意事项】**

1. AD590 集成温度传感器的正负极性不能接错，红线表示接电源正极。

2. AD590 集成温度传感器不能直接放入水中，若测量水温须插入到加有少量油的玻璃细管内，再插入待测温物测温。

3. 搅拌器转速不宜太快，若转速太快或磁性转子不在中心，有可能转子离开旋转磁场位置而停止工作，这时须将调节马达转速电位器逆时针调至最小，让磁性转子回到磁场中，再旋转。

4. 热敏电阻的工作电流应小于 $300\,\mu A$，防止自热引入误差，实验时，直流电源调节旋钮可反时针调到底。用数字电压表测得电源为 1.5V 方可使用。

5. 2000ml 烧杯的底部必须平整，更换大烧杯时请注意。

6. 倒去烧杯中水时，注意应先取出磁性浮子保管好，以避免遗失。

**【问题与反思】**

如何用 AD590 集成电路温度传感器制作一个热力学温度计，请画出电路图，说明调节方法。

# 实验二十七　压力传感器特性及人体血压测量

**【知识准备】**

1. 了解人体血压的物理原理。

2. 了解利用压阻脉搏传感器测量的原理。

3. 了解柯氏音法测量人体血压。

**【实验目的】**

1. 了解气体压力传感器的工作原理、测量气体压力传感器的特性。

2. 用气体压力传感器、放大器和数字电压表来组装数字式压力表，并用标准指针式压力表对其进行定标，完成数字式压力表的制作。

3. 验证理想气体的波意耳（Boyle）定律。（选做）

4. 用慢扫描长余辉示波器观察人体脉搏波形，分析心脏跳动情况，估算心律、血压等参数。（选做）

**【实验仪器】**

FD－HRBP－A 压力传感器特性及人体心律血压测量实验仪、听诊器、数字血压计。

**【仪器简介】**

FD－HRBP－A 压力传感器特性及人体心律血压测量实验仪由 8 个部分组成：（1）指针式压力表；（2）MPS3100 气体压力传感器；（3）数字电压表；（4）100ml 注射器气体输入装置；（5）压阻脉搏传感器；（6）智能脉搏计数器；（7）血压袖套和听诊器血压测量装置；（8）实验接插线。

**【实验原理】**

压力（压强）是一种非电量的物理量，它可以用指针式气体压力表来测量，也可以用压力传感器把压强转换成电量，用数字电压表测量和监控。本仪器所用气体压力传感器为 MPS3100，它是一种用压阻元件组成的桥，其电原理如图 1 所示。

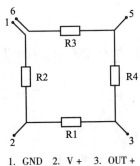

1. GND  2. V +   3. OUT +
4. 空   5. V −   6. GND

**图1  压力传感器示意图**

给气体压力传感器加上 +5V 的工作电压，气体压强范围为 0～40kPa，则它随着气体压强的变化能输出 0～75mV（典型值）的电压，在 40kPa 时输出 40mV（min）、100mV（max）。由于制造技术的关系，传感器在 0kPa 时，其输出不为零（典型值 ±25mV），故可以在图 1 中 1、6 脚串接小电阻来进行调整。MPS3100 传感器的线性度极好（典型值为 0.3% SF）。

人体的心率、血压是人的重要生理参数，心跳的频率、脉搏的波形和血压的高低是判断人身体健康的重要依据。故测量人体的心率、血压也是医学院学生必须掌握的重要内容。

1. 心律、脉搏波与测量。

心脏跳动的频率称为心律（次/分钟），心脏在周期性波动中挤压血管引起动脉管壁的弹性形变，在血管处测量此应力波得到的就是脉搏波。因为心脏通过动脉血管，毛细血管向全身供血，所以离心脏越近测得的脉搏波强度越大，反之则相反。在脉搏波强的血管处，用手指在体外就能感应到脉搏波。随着电子技术与计算机技术的发展，脉搏测量不再局限于传统的人工测量法或听诊器测量法。利用压阻传感器对脉搏信号进行检测，并通过单片机技术进行数据处理，实现了智能化的脉搏测试，同时可通过示波器对检测到的脉搏波进行观察，通过脉搏波形的对比来进行心脏的健康诊断。这种技术具有先进性、实用性和稳定性，同时也是生物医学工程领域的发展方向。但考虑到脉搏波（PPG）不仅有脉搏频率参数，其中更有间接的血压、血氧饱和度等参数，所以脉搏波的观察在医学诊断中非常重要。

2. 血压与测量。

人体血压指的是动脉血管中脉动的血流对血管壁产生的侧向垂直于血管壁的

压力。主动脉血管中垂直于管壁的压力的峰值为收缩压，谷值为舒张压。血压是反映心血管系统状态的重要生理参数。特别是近年来高血压在中老年人群中的发病率不断上升（据统计已达15% ~ 20%），而且常常是引起心血管系统一些疾病的重要因素，因此血压的准确检测在临床和保健工作中变得越来越重要。临床上血压测量技术可分为直接法和间接法两种。间接法测量血压不需要外科手术，测量简便，因此在临床上得到广泛的应用。血压间接测量方法中，目前常用的有两种，即听诊法（柯氏音法，auscultatory method）和示波法（oscillometric method）。听诊法由一位俄国医生在1905年提出，迄今仍在临床中广泛应用。但听诊法存在其固有的缺点：一是在舒张压对应于第四相还是第五相问题上一直存在争论，由此引起的判别误差很大。二是通过听柯氏声来判别收缩压、舒张压，其读数受使用者听力影响，易引入主观误差，难以标准化。近年来许多血压监护仪和自动电子血压计大都采用了示波法间接测量血压。示波法测量血压的过程与柯氏音法是一致的，都是将袖带加压至阻断动脉血流，然后缓慢减压，其间手臂中会传出声音及压力小脉冲。柯氏音法是靠人工识别手臂中传出的声音，并判读出收缩压和舒张压。而示波法则是靠传感器识别从手臂中传到袖带中的小脉冲，并加以差别，从而得出血压值。考虑到目前医院常规血压测量还是用柯氏音法，所以本实验要求掌握的也是用柯氏音法测量人体血压。

【实验内容和步骤】

Ⅰ. 必做实验：气体压力传感器特性测量；组装数字式压力表及人体心律、血压的测量

1. 实验前的准备工作。

仪器实验前要开机5分钟，待仪器稳定后才能开始做实验。注意实验时严禁加压超过36kPa。

2. 气体压力传感器 MPS3100 的特性测量。

（1）气体压力传感器 MPS3100 输入端加上实验电压（ +5V），输出端接数字电压表，通过注射器改变管路内气体压强。

（2）测出气体压力传感器的输出电压（4 ~ 32kPa 测8点），将数据填入表1。

（3）画出气体压力传感器的压强 P 与输出电压 U 的关系曲线（直线，非线性≤0.3% FS），计算出气体压力传感器的灵敏度及相关系数。

3. 数字式压力表的组装及定标。

（1）将气体压力传感器 MPS3100 的输出与定标放大器的输入端连接，再将放大器输出端与数字电压表连接，将琴键开关按在 kPa 档，此时数字电压表成为一个还未经定标的数字式压力表。

（2）反复调整气体压强为 4kPa 与 32kPa 时放大器的零点与放大倍数，使数字式压力表的示数在 4kPa 与 32kPa 时均与左方的气体压力表相一致。

（3）将放大器零点与放大倍数调整好后，组装且定标好的数字式压力表即可用于人体血压或气体压强的测量及数字显示，将数据填入表 2。

4. 心律的测量。

（1）将压阻式脉搏传感器放在手臂脉搏最强处，插口与仪器脉搏传感器插座连接，接上电源（ +5V），绑上血压袖套，稍加些压力（压几下压气球，压强以示波器能看到清晰脉搏波形为准，如不用示波器则要注意脉搏传感器的位置，调整到计次灯能准确跟随心跳频率）。

（2）按下"计次、保存"按键，仪器将会在规定的一分钟内自动测出每分钟脉搏的次数并以数字显示测出的脉搏次数。

5. 血压的测量。

（1）采用典型柯氏音法测量血压，将测血压袖套绑在上手臂脉搏处，并把医用听诊器插在袖套内脉搏处。

（2）血压袖套连接管用三通接入仪器进气口，用压气球向袖套压气至 20kPa，打开排气口缓慢排气，同时用听诊器听脉搏音（柯氏音），当听到第一次柯氏音时，记下压力表的读数为收缩压，若排气到听不到柯氏音时，那最后一次听到柯氏音时所对应的压力表读数为舒张压。

（3）如果舒张压读数不太肯定时，可以用压气球补气至舒张压读数之上，再次缓慢排气来读出舒张压。

Ⅱ. 选做实验：验证理想气体定律；观察脉搏波形

1. 验证理想气体波意耳定律。

（1）将注射器吸入空气拉管至 100ml 刻线，注射器出口用气管连接至仪器气体输入口，此时若管道内的气体体积为 $V_0$，那么此时总的气体体积为 $V_0 + V_1$（100ml），压力表显示压强为零（实际压强约为 760mmHg 或 101.08kPa）。

2. 将注射器内气体压缩，此时总的气体体积将减少，压强将升高。每减少 5ml 测量一次管道内压强，至少测 5 次，则依次得 $V_2 + V_0$，$P_2$；$V_3 + V_0$，$P_3$；$V_4 + V_0$，$P_4$；$V_5 + V_0$，$P_5$。

3. 作 $\dfrac{1}{p_i + p_o} - V_i$ 直线图，求出斜率 $K$ 和截距 $KV_0$，然后证明：

$$(V_2 + V_0) P_2 = (V_3 + V_0) P_3 = (V_4 + V_0) P_4 = (V_5 + V_0) P_5$$

验证了波意耳定律。

第二部分 实验项目 · 163 ·

## 【数据及处理】

表1　　　　　　　　　　MPS3100 气体压力传感器的输出特性

| 气体压强（kPa） | 4.0 | 8.0 | 12.0 | 16.0 | 20.0 | 24.0 | 28.0 | 32.0 |
|---|---|---|---|---|---|---|---|---|
| 输出电压（mV） | | | | | | | | |

气体压力传感器灵敏度 $A = $ _____ mV/kPa　　　　相关系数 $r = $ _____

表2　　　　　　　　　　　　血压测试登记表

| 测量次数 | 制作数字式压力表（mmHg） | | 欧姆龙数字血压计（mmHg） | |
|---|---|---|---|---|
| | 高压 | 低压 | 高压 | 低压 |
| 1 | | | | |
| 2 | | | | |
| 3 | | | | |
| 4 | | | | |
| 5 | | | | |

## 【注意事项】

1. 本实验仪器所用气体压力表为精密微压表，测量压强范围应在全范围的 4/5，即 32kPa。微压表的 0～4kPa 为精度不确定范围，故实际测量范围为 4～32kPa。

2. 测量压力传感器特性时必须用定量输气装置（注射器）。

3. 严禁实验时加压超过 36kPa（瞬态）。瞬态超过 40kPa，微压表可能损坏！

4. 压力传感器请插仪器左边 5V 电源插座；心率传感器请插仪器右边 5V 电源插座。

## 【问题与反思】

1. 观察脉搏波形并从波形中分析收缩压及舒张压（研究性自学课题）。

2. 把脉搏波形信号送到示波器（需另购慢扫描长余辉示波器），观察分析脉搏波形。

# 实验二十八　光电效应和普朗克常数的测定

**【知识准备】**

光电效应公式及相关现象。

**【实验目的】**

1. 了解光电效应的规律，加深对光的量子性的理解。

2. 测量普朗克常数。

**【实验仪器】**

LB – PH3A 光电效应（普朗克常数）实验仪由汞灯及电源、光阑、光电管、测试仪（含光电管电源和微电流放大器）构成。

**【仪器简介】**

实验仪结构如图 1 所示，测试仪的调节面板如图 2 所示。

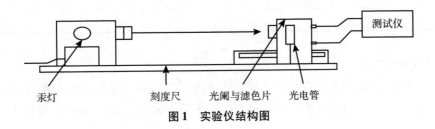

图 1　实验仪结构图

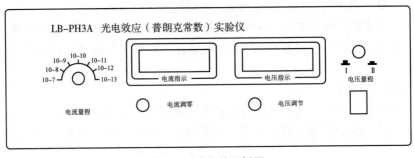

图 2　测试仪前面板图

**【实验原理】**

光电效应的实验原理如图3所示。入射光照射到光电管阴极$K$上，产生光电子在电场作用下向阳极$A$迁移构成光电流，改变外加电压$U_{AK}$，测量出光电流$I$的大小，即可得出光电管的伏安特性曲线。

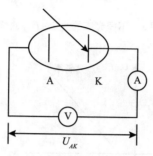

**图3  光电效应的实验原理**

光电效应的基本实验事实如下：

（1）对应于某一频率，光电效应的$I - U_{AK}$关系如图4所示。从图4中可见，对一定的频率，有一电压$U_0$，当$U_{AK} = U_0$时，电流为零，这个相对于阴极的负值的阳极电压$U_0$被称为截止电压。

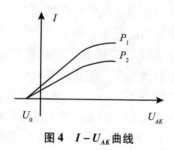

**图4  $I - U_{AK}$曲线**

（2）当$U_{AK} \geqslant U_0$后，$I$迅速增加，然后趋于饱和，饱和光电流$I_M$的大小与入射光的强度$P$成正比。

（3）对于不同频率的光，其截止频率不同，如图5所示。

（4）作截止电压$U_0$与频率$\gamma$的关系图，如图6所示。$U_0$与$\gamma$成正比关系。当入射光频率低于某极限值$\gamma_0$（随不同金属而异）时，不论光的强度如何，照射时间多长，都没有光电流产生。

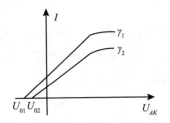

**图 5   不同频率的光 $I - U_{AK}$ 曲线**

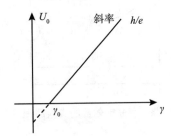

**图 6   截止电压 $U_0$ 与频率 $\gamma$ 的关系**

（5）光电效应是瞬时效应。即使入射光的强度非常微弱，只要频率大于 $\gamma_0$，在开始照射后立即有光电子产生，所经过的时间至多为 $10^{-9}$ 秒的数量级。

经典电磁理论认为，电子从波振面上连续的获得能量，获得能量的大小应与光的强度有关。因此对于任何频率，只要有足够的光强度和足够的照射时间，总会发生光电效应，而实验事实与此是矛盾的。

按照爱因斯坦的光量子理论，光能并不像电磁波理论那样，分布在波阵面上，而是集中在被称为光子的微粒上，但这种微粒仍然保持着频率（或波长）的概念，频率为 $\gamma$ 的光子具有能量 $E = h\gamma$，$h$ 为普朗克常数。当光子照射到金属表面上时，被金属中的电子全部吸收，而无须积累能量的时间。电子把这能量的一部分用来克服金属表面对它的吸引力，余下的就变为电子离开金属表面后的动能，按照能量守恒原理，爱因斯坦提出了著名的光电效应方程：

$$h\gamma = \frac{1}{2}mv^2 + A \tag{1}$$

式（1）中，$A$ 为金属的逸出功，$\frac{1}{2}mv^2$ 为光电子获得的初始动能。

由该式可见，入射到金属表面的光频率越高，逸出的电子动能越大，所以即使阳极电位比阴极电位低时也会有电子落入阳极形成光电流，直至阳极电位低于截止电压，光电流才为零，此时有关系：

$$eU_0 = \frac{1}{2}mv^2 \tag{2}$$

阳极电位高于截止电压后，随着阳极电位的升高，阳极对阴极发射的电子的收集作用越强，光电流随之上升，当阳极电压高到一定程度，已把阴极发射的光电子几乎全收集到阳极，在增加 $U_{AK}$ 时 $I$ 不再变化，光电流出现饱和，饱和光电流 $I_M$ 的大小与入射光的强度 $P$ 成正比。

光子的能量 $h\gamma < A$ 时，电子不能脱离金属，因而没有光电流产生。产生光电效应的最低频率（截止频率）是 $\gamma_0 = A/h$。

将式（2）代入式（1）可得：

$$eU_0 = h\gamma - A \tag{3}$$

只要用实验方法得出不同的频率对应的截止电压，求出直线斜率，就可以算出普朗克常数。

爱因斯坦的光量子理论成功的解释了光电效应规律。

【实验内容和步骤】

1. 测试前准备。

将测试仪及汞灯电源接通，预热 20 分钟。

把汞灯及光电管暗箱遮光盖盖上，将汞灯暗箱光输出口对准光电管暗箱光输入口，调整光电管于汞灯距离约 30cm 处并保持不变。

用专用连接线将光电管暗箱电压输入端与测试仪电压输出端（后面板上）连接起来（红—红，黑—黑）。

仪器在充分预热后，进行测试前调零：请先将电器箱与光电管断开，在无光电管电流输入的情况下，将"电流量程"选择开关支与 $10^{-13}$ 档，进行测量档调零，旋转"电流调零"旋钮使电流指示为 0.0。

用高频匹配电缆将光电管暗箱电流输出端 K 与测试仪微电流输入端（后面板上）连接起来。

另：在仪器的连接过程中，因为汞灯功率较大，请尽量避免将 4 台以上的仪器连接在一个插座上，否则容易出现开机若干时间后汞灯自熄现象，实验室最好是配备空调专用插座。

（注：在进行测量时，各表头数值请在完全稳定后记录，如此可减少人为读数误差。）

2. 测光电管的伏安特性曲线。

将电压选择按键置于 I 档：−2 ~ +2V；将"电流量程"选择开关置于 $10^{-13}$ 档。

    a. 将滤色片旋转 365.0nm，调光阑到 8mm 或 10mm 档。

    b. 从低到高调节电压，记录电流从非零到零点所对应的电压值作为表一数据的前面部分（精细），以后电压每变化一定值（可调节电压档到 II 档 $-2 \sim +20V$）记录相应的电流值到表 1 数据的后面部分（在做此步骤时，"电流量程"选择开关应置于 $10^{-11}$ 档）。

    c. 在 $U_{AK}$ 为 20V 时，将"电流量程"选择开关置于 $10^{-11}$ 档，记录光阑分别为 4mm、8mm、10mm、12mm 时对应的电流值于表 2 中。

    d. 换上 404.7nm 滤色片及 2mm 的光阑，重复 b、c 测量步骤。

    e. 换上 435.8nm 滤色片及 2mm 的光阑，重复 b、c 测量步骤。

    f. 换上 546.1nm 滤色片及 2mm 的光阑，重复 b、c 测量步骤。

    g. 换上 577.0nm 滤色片及 2mm 的光阑，重复 b、c 测量步骤。

    用表 1 中的数据在坐标纸上作对应波长及光强的伏安特性曲线（以电压值作横坐标、电流值作纵坐标，参考图如图 7 所示）。

表 1                   $I - U_{AK}$ 关系

$\Phi$ 光阑 = _____ mm     $L$ 距离 = _____ cm

| | | | | | | | | | |
|---|---|---|---|---|---|---|---|---|---|
| 365.0nm | $U_{AK}$（V） | | | | | | | | |
| | $I$ | | | | | | | | |
| 404.7nm | $U_{AK}$（V） | | | | | | | | |
| | $I$ | | | | | | | | |
| 435.8nm | $U_{AK}$（V） | | | | | | | | |
| | $I$ | | | | | | | | |
| 546.1nm | $U_{AK}$（V） | | | | | | | | |
| | $I$ | | | | | | | | |
| 577.0nm | $U_{AK}$（V） | | | | | | | | |
| | $I$ | | | | | | | | |

表 2                   $I_M - P$ 关系

$U_{AK}$ = _____ V

| 光阑孔径 | 2mm | 4mm | 8mm |
|---|---|---|---|
| I365.0nm | | | |
| I404.7nm | | | |
| I435.8nm | | | |

续表

| 光阑孔径 | 2mm | 4mm | 8mm |
|---|---|---|---|
| I546.1nm | | | |
| I577.0nm | | | |

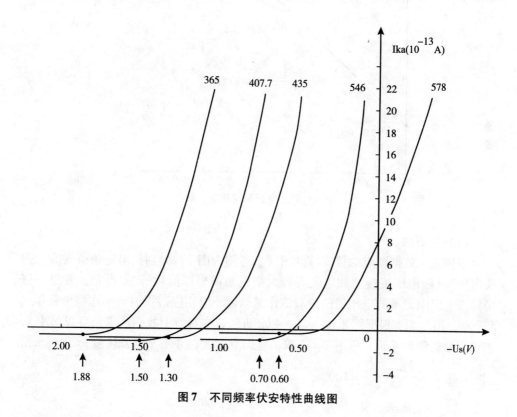

图7　不同频率伏安特性曲线图

3. 验证光电流与入射光强成正比。

由于照到光电管上的光强与光阑面积成正比，用表2数据验证光电管的饱和光电流与入射光强成正比。

4. 测普朗克常数。

图8是普朗克常数的图解求法，图中纵坐标为不同频率光照射时对应光电管的截止电压，横坐标是频率。所以在测量普朗克常数过程中最主要的是确定不同频率光照时光电管的截止电压，而本实验中截止电压的测量方法主要有拐点法、零电流法和补偿法。

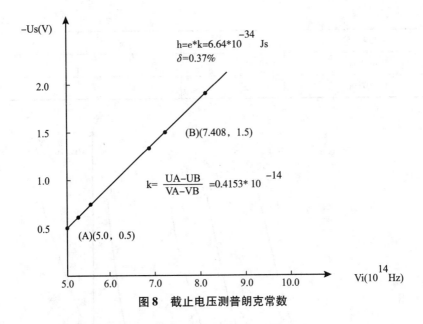

图8 截止电压测普朗克常数

（1）拐点法。

根据表1数据画出的伏安特性图（参考图为图7）分别找出每条谱线的"抬头电压"（随电压缓慢增加电流有较大变化的横坐标值），记录此值。在另一张坐标纸上以刚记录的电压值的绝对值作纵坐标，以相应谱线的频率作横坐标作出5个点，用此5点根据图8作一条 $\gamma - U_0$ 直线，在直线上找两点求出直线斜率 $k$，求出直线的斜率 $k$ 后，可用 $h = ek$ 求出普朗克常数，并于 $h$ 的公认值 $h_0$ 比较求出相对误差 $E = \dfrac{|h - h_0|}{h_0} \times 100\%$。

（2）零电流法、补偿法。

理论上，测出各频率的光照射下阴极电流为零时对应的 $U_{AK}$，其绝对值即该频率的截止电压，然而实际上由于光电管的阳极反向电流、暗电流、本底电流及极间接触电位差的影响，实测电流并非阴极电流，实测电流为零时对应的 $U_{AK}$ 也并非截止电压。

光电管制作过程中阳极往往被污染，沾上少许阴极材料，入射光照射阳极或入射光从阴极反射到阳极之后都会造成阳极光电子发射，$U_{AK}$ 为负值时，阳极发射的电子向阴极迁移构成了阳极反向电流。

暗电流和本底电流是热激发产生的光电流与杂散光照射光电管产生的光电流，可以在光电管制作或测量过程中采取适当措施消除它们的影响。

极间接触电位差与入射光频率无关，只影响 $U_0$ 的准确性，不影响 $\gamma - U_0$ 直线斜率，对测定 $h$ 无影响。

①零电流法。零电流法是直接将各谱线照射下测得的电流为零时对应的电压 $U_{AK}$ 作为截止电压 $U_0$。此法的前提是阳极方向电流、暗电流和杂散光产生的电流都很小，用零电流法测得的截止电压与真实值相差很小，且各谱线的截止电压都相差 $\Delta U$，对 $\gamma - U_0$ 曲线的斜率无大的影响，因此对 $h$ 的测量不会产生大的影响。

测量：将电压选择按键置于 I 档：$-2 \sim +2V$；将"电流量程"选择开关置于 $10^{-13}A$ 档，将测试仪电流输入电缆断开，调零后重新接上；调到直径 8mm 或者 4mm 档的光阑及 365.0nm 的滤色片。从低到高调节电压，测量该波长对应的 $U_0$，并将数据记于表 3 中。

依次换上 404.7nm、435.8nm、546.1nm、577.0nm 的滤色片，重复以上测量步骤。

表3　　　　　　　　　$\gamma - U_0$ 关系

光阑孔径 = _____ mm

| 波长（nm） | 365.0 | 404.7 | 435.8 | 546.1 | 577.0 |
|---|---|---|---|---|---|
| 频率（$10^{14}Hz$） | 8.214 | 7.408 | 6.879 | 5.490 | 5.196 |
| 截止电压 $U_0$（V） | | | | | |

②补偿法。补偿法是调节电压 $U_{AK}$ 使电流为零后，保持 $U_{AK}$ 不变，遮挡汞灯光源，此时测得的电流 $I_1$ 为电压接近截止电压时的暗电流和杂散光产生的电流。重新让汞灯照射光电管，调节电压 $U_{AK}$ 使电流值至 $I_1$，将此时对应的电压 $U_{AK}$ 作为截止电压 $U_0$。此法可补偿暗电流和杂散光产生的电流对测量结果的影响。

测量：将电压选择按键置于 I 档：$-2 \sim +2V$；将"电流量程"选择开关置于 $10^{-13}A$ 档，将测试仪电流输入电缆断开，调零后重新接上；调到直径 8mm 或者 4mm 档的光阑及 365.0nm 的滤色片。从低到高调节电压，测量该波长对应的 $U_0$，并将数据记于表 4 中。

依次换上 404.7nm、435.8nm、546.1nm、577.0nm 的滤色片，重复以上测量步骤。

表4                                    $\gamma - U_0$ 关系

光阑孔径 = _____ mm

| 波长（nm） | 365.0 | 404.7 | 435.8 | 546.1 | 577.0 |
|---|---|---|---|---|---|
| 频率（$10^{14}$Hz） | 8.214 | 7.408 | 6.879 | 5.490 | 5.196 |
| 截止电压 $U_0$（V） | | | | | |

数据处理：可用以下两种方法之一处理表3、表4的实验数据，得出 $\gamma - U_0$ 直线的斜率 $k$。

法一：

根据 $k = \dfrac{\Delta U}{\Delta \gamma} = \dfrac{U_{0m} - U_{0n}}{\gamma_{0m} - \gamma_{0n}}$，可用逐差法从表3的5组数据中求出4个 $k$，将其平均值作为所求 $k$ 的数值，求出直线的斜率 $k$ 后，可用 $h = ek$ 求出普朗克常数，并与 $h$ 的公认值 $h_0$ 比较求出相对误差 $E = \dfrac{|h - h_0|}{h_0} \times 100\%$。

法二：

可用表3、表4数据在坐标纸上作 $\gamma - U_0$ 直线，由图求出直线的斜率 $k$。求出直线的斜率 $k$ 后，可用 $h = ek$ 求出普朗克常数，并与 $h$ 的公认值 $h_0$ 比较求出相对误差 $E = \dfrac{|h - h_0|}{h_0} \times 100\%$。

标准值：$e = 1.602 \times 10^{-19} C$   $h_0 = 6.626 \times 10^{-34}$Js

【注意事项】

1. 实验前请先将汞灯打开，预热20分钟左右。

2. 将光电效应电器箱打开，断开"光电流输入"端口，调节"电流调零"旋钮，使"电流指示"表显示为"000"后再连接所有接线。

3. 电流量程倍率请置于 $10^{-13}$ 档。

4. 实验操作前，必须等"电流指示"稳定后才能开始操作，否则会影响实验数据的正确性，致使"电流指示"不稳定的因素很多，分别有如下几种情况：

（1）变换了"电流量程"档；

（2）调节了"电压调节"旋钮；

（3）断开过任意一根连接线；

（4）挡住过汞灯光源后改变过光程；

（5）改变了滤色片的波长；

（6）改变了光电管的透光孔孔径等一系列变动。

必须等"电流指示"表头稳定后才可开始实验操作，切记！

**【问题与反思】**

1. 本实验的测量误差来自哪些方面？在实验中您采取了哪些对应措施来减少这些误差？

2. 光电子的初动能为什么与入射光的强度大小无关，而随入射光频率的增加线性增加？

3. 什么叫暗电流、本底电流、反向电流？

4. 截止电压与入射光频率的关系曲线，能确定阴极材料的逸出功吗？

# 实验二十九　霍尔效应及其应用

**【知识准备】**

1. 霍尔效应的原理和应用。

2. 对称测量法在实验中的应用。

**【实验目的】**

1. 了解霍尔效应实验原理。

2. 学习用"对称测量法"消除副效应的影响，测量试样的 $V_H - I_S$ 和 $V_H - I_M$ 曲线。

3. 确定试样的导电类型。

**【实验仪器】**

FB510 型霍尔效应实验仪，FB510 型霍尔效应组合实验仪（亥姆霍兹线圈）。

**【实验原理】**

1. 霍尔效应。

霍尔效应从本质上讲是运动的带电粒子在磁场中受洛仑兹力作用而引起的偏转。当带电粒子（电子或空穴）被约束在固体材料中时，这种偏转就导致在垂直电流和磁场方向上产生正负电荷的聚积，从而形成附加的横向电场，即霍尔电场 $E_H$。如图 1 所示的半导体试样，若在 $X$ 方向通以电流 $I_S$，在 $Z$ 方向加磁场 $B$，则在 $Y$ 方向即试样 $A - A'$ 电极两侧就开始聚集异号电荷而产生相应的附加电场。电场的指向取决于试样的导电类型。对图 1（a）所示的 $N$ 型试样，霍尔电场逆 $Y$ 方向，（b）的 $P$ 型试样则沿 $Y$ 方向。即有：

$$E_H(Y) < 0 \quad \Rightarrow N\ 型$$
$$E_H(Y) > 0 \quad \Rightarrow P\ 型$$

显然，霍尔电场 $E_H$ 阻止载流子继续向侧面偏移，当载流子所受的横向电场力 $eE_H$ 与洛仑兹力 $e\bar{v}B$ 相等时，样品两侧电荷的积累就达到动态平衡，故有：

$$eE_H = e\bar{v}B \tag{1}$$

其中 $E_H$ 为霍尔电场，$\bar{v}$ 是载流子在电流方向上的平均漂移速度。

设试样的宽为 $b$，厚度为 $d$，载流子浓度为 $n$，则：

$$I_S = ne\bar{v}bd \tag{2}$$

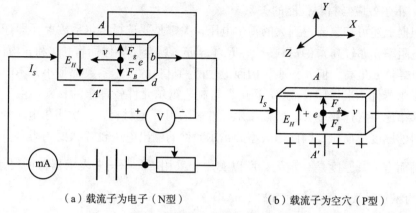

（a）载流子为电子（N型）　　　　　　（b）载流子为空穴（P型）

**图1　霍尔效应实验原理示意图**

由式（1）、式（2）可得：

$$V_H = E_h b = \frac{1}{ne}\frac{I_S B}{d} = R_H \frac{I_S B}{d} \tag{3}$$

即霍尔电压 $V_H$（$A$、$A'$电极之间的电压）与 $I_S B$ 成正比，与试样厚度 $d$ 成反比。比例系数 $R_H = \frac{1}{ne}$ 称为霍尔系数，是反映材料霍尔效应强弱的重要参数。只要测出 $V_H$（伏）以及知道 $I_S$（安）、$B$（高斯）和 $d$（厘米），便可按下式计算 $R_H$（厘米³/库仑）：

$$R_H = \frac{V_H d}{I_S B} \times 10^7 \tag{4}$$

式（4）中的 $10^7$ 是由于磁感应强度 $B$ 用电磁单位（mT）而其他各量均采用国际通用的单位制式（CGS）实用单位而引入。

2. 霍尔系数 $R_H$ 与其他参数间的关系。

根据 $R_H$ 可进一步确定以下参数：

（1）由 $R_H$ 的符号（或霍尔电压的正负）判断样品的导电类型。判别的方法是按图1所示的 $I_S$ 和 $B$ 的方向，若测得的 $V_H = V_{A'A} < 0$，即 $A$ 点电位高于 $A'$ 点的电位，则 $R_H$ 为负，样品属 N 型；反之则为 P 型。

（2）由 $R_H$ 求载流子浓度 $n$，即 $n = \frac{1}{|R_H|e}$。应该指出，这个关系式是假定所有载流子都具有相同的漂移速度得到的，严格一点，如果考虑载流子的速度统计分布，需引入 $\frac{3\pi}{8}$ 的修正因子（可参阅黄昆、谢希德人著作《半导体物理学》）。

3. 霍尔效应与材料性能的关系。

根据上述可知，要得到大的霍尔电压，关键是要选择霍尔系数大（即迁移率高、电阻率 $\rho$ 亦较高）的材料。因 $|R_H| = \mu\rho$，就金属导体而言，$\mu$ 和 $\rho$ 均很低，而不良导体 $\rho$ 虽高，但 $\mu$ 极小，因而上述两种材料的霍尔系数都很小，不能用来制造霍尔器件。半导体 $\mu$ 高，$\rho$ 适中，是制造霍尔元件较理想的材料。由于电子的迁移率比空穴迁移率大，所以霍尔元件多采用 N 型材料，其次霍尔电压的大小与材料的厚度成反比，因此薄膜型的霍尔元件的输出电压较片状要高得多。就霍尔器件而言，其厚度是一定的，所以实用上采用 $K_H = \dfrac{1}{ned}$ 来表示器件的灵敏度，$K_H$ 称为霍尔灵敏度，单位为 mV/（mAT）。

4. 实验方法。

值得注意的是，在产生霍尔效应的同时，因伴随着各种副效应，以致实验测得的 $A$、$A'$ 两极间的电压并不等于真实的霍尔电压 $V_H$ 值，而是包含着各种副效应所引起的附加电压，因此必须设法消除。根据副效应产生的机理可知，采用电流和磁场换向的对称测量法，基本上能把副效应的影响从测量结果中消除。即在规定了电流和磁场正、反方向后，分别测量由下列四组不同方向的 $I_S$ 和 $B$ 组合的 $V_{A'A}$（$A'$、$A$ 两点的电位差）：

$$+B, \quad +I_S, \quad V_{A'A} = V_1$$
$$-B, \quad +I_S, \quad V_{A'A} = V_2$$
$$-B, \quad -I_S, \quad V_{A'A} = V_3$$
$$+B, \quad -I_S, \quad V_{A'A} = V_4$$

然后求 $V_1$、$V_2$、$V_3$ 和 $V_4$ 的代数平均值。

$$V_H = \frac{V_1 - V_2 + V_3 - V_4}{4} \tag{5}$$

采用上述的测量方法，虽然还不能完全消除所有的副效应，但由于其引入的误差不大，可以忽略不计。

【实验内容和步骤】

1. 掌握仪器性能，测量亥姆霍兹线圈的磁场。

（1）开机或关机前，应该将测试仪的"$I_S$ 调节"和"$I_M$ 调节"旋钮逆时针旋到底。

（2）连接 FB510 型霍尔效应组合实验仪（亥姆霍兹线圈）与 FB510 型霍尔效应实验仪之间各组对应连接线，把励磁电流连接到亥姆霍兹线圈 $I_M$ 输入端。

（3）将霍尔片放置在亥姆霍兹线圈中间。

（4）接通电源，继电器发光二极管指示出导通线路，预热数分钟。

2. 测绘 $V_H - I_S$ 曲线。

顺时针转动"$I_M$ 调节"旋钮，使 $I_M = 500\text{mA}$ 固定不变，再调节 $I_S$，从 $0.5\text{mA}$ 到 $5\text{mA}$，每次改变 $0.5\text{mA}$，将对应的实验数据 $V_H$ 值记录到表 1 中（注意，测量每一组数据时，都要将 $I_M$ 和 $I_S$ 改变极性，从而每组都有 4 个 $V_H$ 值）。

3. 测绘 $V_H - I_M$ 曲线。

调节 $I_S = 3\text{mA}$ 固定不变，然后调节 $I_M$，$I_M = 100\text{mA} \sim 500\text{mA}$ 每次增加 $100\text{mA}$，将对应的实验数据 $V_H$ 值记录到表 2 中。极性改变同上。

4. 确定样品导电类型。

将实验仪三组双刀开关均掷向上方，即 $I_S$ 沿 X 方向，$B$ 沿 Z 方向，毫伏表测量电压为 $V_{A'A}$。根据需要选取合适的 $I_M$ 和 $I_S$，测量 $V_{A'A}$ 大小及极性，由此判断样品导电类型。

5. 测单边水平方向磁场分布（$I_S = 2\text{mA}$，$I_M = 500\text{mA}$）。

【数据及处理】

1. 记录相关数据并将其填入表 1、表 2 中。

表 1　　　　　测绘 $V_H - I_S$ 实验曲线数据记录表（$I_M = 500\text{mA}$）

| $I_S$（mA） | $V_1$（mV）<br>$+B$，$+I_S$ | $V_2$（mV）<br>$-B$，$+I_S$ | $V_3$（mV）<br>$-B$，$-I_S$ | $V_4$（mV）<br>$+B$，$-I_S$ | $V_H = \dfrac{V_1 - V_2 + V_3 - V_4}{4}$（mV） |
|---|---|---|---|---|---|
| 0.50 | | | | | |
| 1.00 | | | | | |
| 1.50 | | | | | |
| 2.00 | | | | | |
| 2.50 | | | | | |
| 3.00 | | | | | |
| 3.50 | | | | | |
| 4.00 | | | | | |
| 4.50 | | | | | |
| 5.00 | | | | | |

表2 测绘 $V_H - I_M$ 实验曲线数据记录表 （$I_S = 3mA$）

| $I_M$ （mA） | $V_1$ （mV） +B，+$I_S$ | $V_2$ （mV） −B，+$I_S$ | $V_3$ （mV） −B，−$I_S$ | $V_4$ （mV） +B，−$I_S$ | $V_H = \dfrac{V_1 - V_2 + V_3 - V_4}{4}$ （mV） |
|---|---|---|---|---|---|
| 100 | | | | | |
| 200 | | | | | |
| 300 | | | | | |
| 400 | | | | | |
| 500 | | | | | |

2. 绘制 $V_H - I_S$ 曲线和 $V_H - I_M$ 曲线。

3. 确定样品的导电类型（P 型或 N 型）。

4. 自拟表格，测单边水平方向磁场分布，测量点不得少于 8 点（不等步长），以线圈中心连线中点为相对零点位置，作 $V_H$—$X$ 图，另外半边在作图时可按对称原理补足。

【注意事项】

1. 霍尔片性脆易碎，电极甚细易断，严防撞击或用手去摸，否则容易损坏。

2. 霍尔片放置在亥姆霍兹线圈中间，在需要调节霍尔片位置时，亦需要小心谨慎。

【问题与反思】

1. 霍尔电压是怎样形成的？它的极性与磁场和电流方向（或载流子浓度）有什么关系？

2. 测量过程中哪些量要保持不变？为什么？

3. 换向开关的作用原理是什么？测量霍尔电压时为什么要接换向开关？

4. $I_S$ 可否用交流电源（不考虑表头情悦）？为什么？

# 实验三十　利用霍尔效应测量磁场

**【知识准备】**

1. 洛伦兹力的公式。
2. 静电场力的公式。
3. 半导体材料的相关知识。

**【实验目的】**

1. 理解霍尔效应的物理意义。

2. 学习用对称测量法消除负效应对霍尔电压的影响，测量霍尔元件的 $U$—$Is$ 和 $U$—$I_M$ 曲线，并用图解法测量其灵敏度。

3. 确定实验用霍尔元件的导电类型、载流子浓度以及迁移率。

**【实验仪器】**

霍尔效应实验仪。

**【仪器简介】**

霍尔效应实验仪由可调直流稳压电源（0 ~ 500mA）、直流稳流电源（0 ~ 5mA）、直流数字电压表、数字式特斯拉计、直流电阻（取样电阻）电磁铁、霍尔元件（砷化镓霍尔元件）、双刀双向开关、导线等组成。图 1 为仪器的外形图。

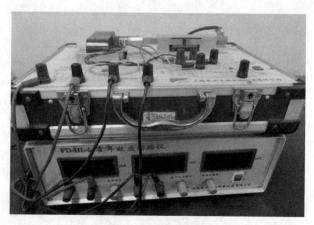

**图 1　仪器的外形图**

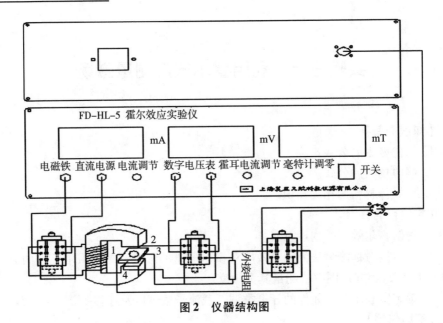

图2 仪器结构图

【实验原理】

1. 霍尔效应。

若将通有电流的导体置于磁场 $B$ 之中，磁场 $B$（沿 $z$ 轴）垂直于电流 $I_H$（沿 $x$ 轴）的方向，如图3所示，则在导体中垂直于 $B$ 和 $I_H$ 的方向上出现一个横向电位差 $U_H$，这个现象称为霍尔效应。

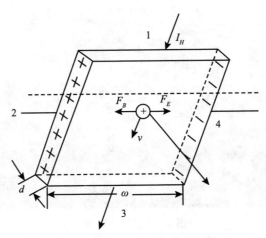

图3 霍尔效应测磁场的原理图

霍尔电势差是这样产生的：当电流 $I_H$ 通过霍尔元件（假设为 $P$ 型）时，空穴有一定的漂移速度 $v$，垂直磁场对运动电荷产生一个洛伦兹力。

$$\vec{F}_B = q\vec{v} \times \vec{B} \tag{1}$$

式（1）中 $q$ 为电子电荷，洛伦兹力使电荷产生横向的偏转，由于样品有边界，所以有些偏转的载流子将在边界积累起来，产生一个横向电场 $E$，直到电场对载流子的作用力 $\vec{F}_E = q\vec{E}$ 与洛伦兹力相抵消为止，即：

$$q\vec{v} \times \vec{B} = -q\vec{E} \tag{2}$$

这时电荷在样品中运动时将不再偏转，霍尔电势差就是由这个电场建立起来的。如果是 N 型样品，则横向电场与前者相反，所以 N 型样品和 P 型样品的霍尔电势差有不同的符号，据此可以判断霍尔元件的导电类型。设 P 型样品的载流子浓度为 $\rho$，宽度为 $\omega$，厚度为 $d$，通过样品电流 $I_H = \rho v \omega d$，则空穴的速度 $v = I_H / \rho q \omega d$ 将其代入式（2）有：

$$E = |\vec{v} \times \vec{B}| = I_H B / \rho q \omega d \tag{3}$$

式（3）两边各乘以 $\omega$，便得到：

$$U_H = E\omega = \frac{I_H B}{\rho q d} = R_H \frac{I_H B}{d} \tag{4}$$

$R_H = \dfrac{1}{\rho q}$ 被称为霍尔系数，在应用中一般写成：

$$U_H = I_H K_H B \tag{5}$$

比例系数 $K_H = \dfrac{R_H}{d} = \dfrac{1}{\rho q d}$ 被称为霍尔元件灵敏度，单位为 mV/（mA · T），一般要求 $K_H$ 越大越好。$K_H$ 与载流子浓度 $\rho$ 成反比，半导体内载流子浓度远比金属载流子浓度小，所以都用半导体材料作为霍尔元件。与 $K_H$ 厚度 $d$ 成反比，所以霍尔元件都做得很薄，一般只有 0.2mm 厚。由公式（5）可以看出，知道了霍尔片的灵敏度 $K_H$，只要分别测出霍尔电流 $I_H$ 及霍尔电势差 $U_H$ 就可算出磁场 $B$ 的大小，这就是霍尔效应测磁场的原理。

2. 用霍尔元件测磁场。

磁感应强度的计量方法很多，如磁通法、核磁共振法及霍尔效应法等。其中霍尔效应法具有能测交直流磁场、简便、直观、快速等优点，应用最广。如图 4 所示，直流电源 $E_1$ 为电磁铁提供励磁电流 $I_M$，通过变阻器 $R_1$，可以调节 $I_M$ 的大小。电源 $E_2$ 通过可变电阻 $R_2$（用电阻箱）为霍尔元件提供霍尔电流 $I_H$，当 $E_2$ 电源为直流时，用直流毫安表测霍尔电流，用数字万用表测量霍尔电压；当 $E_2$ 为交流时，毫安表和毫伏表都用数字万用表测量。

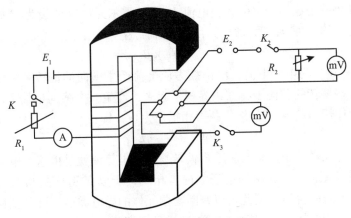

图 4　测量霍尔电势差电路

半导体材料有 N 型（电子型）和 P 型（空穴型）两种。前者载流子为电子，带负电；后者载流子为空穴，相当于带正电的粒子。由图 3 可以看出，若载流子为电子，则 4 点电位高于 3 点电位，$U_{H3·4} < 0$；若载流子为空穴，则 4 点电位低于 3 点电位，$U_{H3·4} > 0$，如果知道载流子类型则可以根据 $U_H$ 的正负定出待测磁场的方向。

由于霍尔效应建立电场所需时间很短（经 $10^{-12} \sim 10^{-14}$ s），因此通过霍尔元件的电流用直流或交流都可以。若霍尔电流 $I_H = I_0 \sin\omega t$，则：

$$U_H = I_H K_H B = I_0 K_H B \sin\omega t \tag{6}$$

所得的霍尔电压也是交变的。在使用交流电的情况下，式（5）仍可使用，只是式中的 $I_H$ 和 $U_H$ 应理解为有效值。

3. 消除霍尔元件副效应的影响。

在实际测量过程中，还会伴随一些热磁副效应，它使所测得的电压不只是 $U_H$，还会附加另外一些电压，给测量带来误差。

这些热磁效应包括以下几种：（1）埃廷斯豪森效应，是由于在霍尔片两端有温度差，从而产生温差电动势 $U_E$，它与霍尔电流 $I_H$、磁场 $B$ 方向有关；（2）能斯特效应，是由于当热流通过霍尔片（如 1、2 端）在其两侧（3、4 端）会有电动势 $U_N$ 产生，只与磁场 $B$ 和热流有关；里吉 - 勒迪克效应，是当热流通过霍尔片时两侧会有温度产生，从而又产生温差电动势 $U_R$，它同样与磁场 $B$ 热场有关。

除了这些热磁副效应外还有不等位电势差 $U_0$。它是由于两侧（3、4）的电极不在同一等势面上引起的。当霍尔电流通过 1、2 端时，即使不加磁场，3、4 端也会有电势差 $U_0$ 产生，其方向随电流 $I_H$ 方向而改变。

因此，为了消除副效应的影响，在操作时需要分别改变 $I_H$ 的方向和 $B$ 的方向，记下四组电势差数据（$K_1$，$K_2$ 换向开关"上"为正）：

当 $I_H$ 正向，$B$ 为正向时，$U_1 = U_H + U_0 + U_E + U_N + U_R$

当 $I_H$ 负向，$B$ 为正向时，$U_2 = -U_H - U_0 - U_E + U_N + U_R$

当 $I_H$ 负向，$B$ 为负向时，$U_3 = U_H - U_0 + U_E - U_N - U_R$

当 $I_H$ 正向，$B$ 为负向时，$U_4 = -U_H + U_0 - U_E - U_N - U_R$

做运算，$U_1 - U_2 + U_3 - U_4$ 并取平均值，有：

$$1/4(U_1 - U_2 + U_3 - U_4) = U_H + U_E \qquad (7)$$

由于 $U_E$ 方向始终与 $U_H$ 相同，所以换向法不能消除它，但一般 $U_E \ll U_H$，故可以忽略不计，于是：

$$U_H = 1/4(U_1 - U_2 + U_3 - U_4) \qquad (8)$$

在实际使用时，式（8）也可写成：

$$U_H = 1/4(|U_1| + |U_2| + |U_3| + |U_4|) \qquad (9)$$

其中，$U_H$ 符号由霍尔元件是 $P$ 型还是 $N$ 型决定。

【实验内容和步骤】

正确连接电路——"电磁铁直流电源"接"电磁铁直流电源"，"数字电压表"接"数字电压表"。

1. 测量霍尔电流 $I_H$ 与霍尔电压 $U_H$ 的关系。

励磁电流 $I_M = 400\text{mA}$，$R = 1000\Omega$，将按键指向 $I_H$，调节"霍尔电流调节"旋钮，使霍尔电流 $I_H$ 依次为 0.5mA、1.0mA、1.5mA、2.0mA、2.5mA（霍尔效应实验仪的数字电压表分别显示 500mV、1000mV、1500mV、2000mV、2500mV），将按键指向 $U_H$，读出相应的霍尔电压，每次消除副效应，改变励磁电流和霍尔电流的方向，即分别按下（$I_H$ 键）的正、反端和（$I_M$ 键）的正、反端通入，测量相应的霍尔电压（$I_H$ 键、$I_M$ 键、$UH$ 键应为换向开关）。请将相关数据填入表 1。

2. 测量 $K_H$。

学会使用特斯拉计。特斯拉计是利用霍尔效应制成的磁强计。霍尔探头是由极薄的半导体材料制成，很脆、易碎，操作必须小心。

霍尔电流保持 $I_H = 1.0\text{mA}$，励磁电流 $I_M$ 为 0.05 ~ 0.25A，每隔 0.05A 分别测出磁场 $B$ 的大小和样品的霍尔电压 $U_H$。用公式 $U_H = K_H I_H B$ 算出相应的 $K_H$。请将相关数据填入表 2。

**【数据及处理】**

表 1    测量霍尔电流和霍尔电压的关系（$I_M = 400\text{mA}$，$R = 1000\Omega$，$I_H$ 不超过 5mA）

| $I$（mA）<br>（霍尔电流） | $V_1$<br>$I_M$ | $V_2 I_H$,<br>$+ I_M$ | $V_3$<br>$+ B$，$- I_M$ | $V_4$<br>$- B$，$- I_M$ | $V_H = (V_2 + V_3 - V_1 - V_4)/4$<br>（mV） |
|---|---|---|---|---|---|
| 0.5 | | | | | |
| 1.0 | | | | | |
| 1.5 | | | | | |
| 2.0 | | | | | |
| 2.5 | | | | | |

作 $U_H - I_H$ 图，验证 $I_H$ 与 $U_H$ 的线性关系。

对此表数据用最小二乘法对 $U_H - I_H$ 进行直线拟合，算出相关系数 $r$。

表 2    测量霍尔电压和磁场的关系（$I_H = 1.0\text{mA}$，$R = 1000\Omega$，$I_M$ 不超过 500mA）

| $I_M$（A） | $U$（mV） | $B$（mT） | $K_H$ |
|---|---|---|---|
| 0.05 | | | |
| 0.10 | | | |
| 0.15 | | | |
| 0.20 | | | |
| 0.25 | | | |

对此表数据用最小二乘法对 $U_H - B$ 进行直线拟合，算出斜率及相关系数 r，根据斜率结合公式 $U_H = K_H I_H B$ 算出相应的 $K_H$。

**【附】最小二乘法拟合斜率和相关系数的按键顺序**

最小二乘法拟合斜率：Mode→3→1→shift→mode→1→AC→（x，y）→M +→shift→2→（向右翻两页）→2→ =

最小二乘法拟合相关系数：Mode→3→1→shift→mode→1→AC→（x，y）→M +→shift→2→（向右翻两页）→3→ =

**【注意事项】**

1. 要注意，接线时防止直流稳流源和直流稳压源短路或过载，以免损坏电源。

2. 实验时注意不等位效应的观察，设法消除其对测量结果的影响。

3. 判断霍尔元件是否为 N 型半导体，可根据实验电路的电源正负和数字电压表极性判断。当已知加在 1、3 脚两电极间电位差的正负符号，并观测 2、4 脚实验结果电极正负。从判断正确中加深对霍尔效应的理解。

4. 霍尔元件通过电流 $I_H$ 不得超过 0.5mA，磁化电流 $I_M$ 不得超过 0.5A，以保证元件不会损坏及电磁铁升温较小。

5. 实验数据测量时，待测样品和数字式毫特仪探头应放在均匀磁场区。

# 实验三十一　脉搏语音信号频谱分析

**【知识准备】**

1. 了解压力晶体的基本性能。

2. 了解傅里叶频谱分析的基本方法。

**【实验目的】**

1. 了解压力晶体的基本性能。

2. 了解计算机采样及处理过程。

3. 了解频谱分析的基本方法。

**【实验仪器】**

压电晶体传感器、计算机及模拟/数字（A/D）转换卡、直流电源、直流信号放大器。

**【实验原理】**

物理学力学参量——压力的测量是各种测量技术中最常见的一种测量。常见的微小压力测量可使用张丝式压力计、应变式压力计或利用压电晶体的压电效应。本实验采用压电晶体式压力传感器测量脉搏波的波形及脉搏频率。

1. 压电效应及压电晶体。

某些晶体在受到外力作用而发生形变时，会在晶体的某个晶面上产生极化而带电，这种现象称为压电效应。根据产生压电效应的晶面不同，压电效应可分为横向压电效应和纵向压电效应。压电效应是可逆的，在能够产生压电效应的晶体极化面上加上适当电压可在对应的晶面上产生相应的形变。由形变产生极化的现象称为正压电效应，由给定电压产生形变的现象称为逆压电效应，也称为电致伸缩。一般所称的压电效应是指正压电效应。

利用正压电效应可将压力、振动、加速度等非电参量转换为电参量。而利用逆压电效应可将低频电磁振荡转换为声波（超声波、次声波）。在实际测量过程中，压电效应会因为测量回路中电荷的运动而呈现出极化电压随测量过程减小的现象，所以用压电效应测量静态压力会受到很大限制，一般只用于动态信号测量。

压电效应有许多实际应用，本实验是利用正压电效应将人体脉搏的压力信号转换为电信号。压电晶体一面被固定在支撑架上，与其相对应的另一面覆盖一层可活动的隔离膜接收外部的压力信号，在产生压电效应的一对晶面上引出导线作为信号输出端。当隔离膜上有机械压力出现时，我们将在信号输出端得到随所加机械压力的变化而改变的电压信号。

2. A/D 转换。

压电晶体输出的电信号经电压放大器放大后是随时间连续变化的，幅度一般控制在 0～5V。这种幅度随时间连续变化的信号称为模拟信号。计算机不能直接识别模拟信号，在用计算机处理模拟信号时需要先将模拟信号转换成为计算机可以识别的数字信号，这个过程称为 A/D（模拟/数字）转换。计算机用于 A/D 转换的专用器件称为 A/D 转换器和 A/D 转换卡。A/D 转换器常用参数有：转换精度、转换时间。一般来说，转换精度越高转换时间越短，得到的信号越精确，但相应转换器的价格也越高。本实验用计算机配有 A/D 转换卡，其转换精度为 12 位（12bit），转换时间 8μs，属于中等精度的 A/D 转换器。软件采样间隔为 2ms。

测量系统原理如图 1 所示，传感器输出端接入直流放大器输入端口，放大器的输出端连接至插入计算机主板的 A/D 采集卡，放大器由直流电源供电。

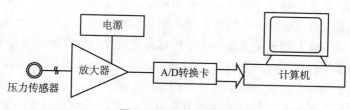

**图 1　测量原理示意图**

3. 频谱及频谱分析。

工程上将幅度大小不随时间变化的电压信号称为直流信号，将幅度大小随时间变化的电压信号称为交流信号。如果以频率为横坐标、以该频率成分的幅度值为纵坐标画出一个信号的幅度—频率关系图，则该曲线称为该信号的频谱曲线，简称频谱。数学上可以证明：一个复杂的周期性交流信号可以看作是多个简单正弦（或余弦）信号叠加结果。如果用 $x(t)$ 表示这个周期信号，则这个叠加过程可以表示为：

$$x(t) = A_0 + \sum_{n=1}^{\infty} A_n \cos(n\omega t + \varphi_n) \tag{1}$$

等号右端称为 $x(t)$ 的傅里叶级数。其中 $A_0$ 为信号中不随时间改变的物理参量，即信号的直流分量。$A_n$、$\varphi n (n = 1, 2, 3, L, \infty)$ 是一组常数，$A_n$ 表示周期信号中频率为 $n\omega$ 的正弦（或余弦）成分的幅度大小。式（1）中的 $\omega$ 为该信号的基频，一般是该信号的主要成分，而信号中的其他频率成分是这个基频的整数倍，依次分别称为二次谐频、三次谐频……各频率成分的系数（幅度）均可等于零，如果某个频率系数为零则表明信号中不存在该频率成分。信号不同，其频率成分及系数大小也不同，所以通过比较各系数值的大小可以判断不同信号的差异。例如式（2）表示周期为 $T$ 的方波：

$$u(t) = \begin{cases} U & (0 < t < T/2) \\ -U & (\dfrac{T}{2} < t < 0) \end{cases} \tag{2}$$

可以展开为傅里叶级数，即一系列正弦函数的叠加：

$$u(t) = \frac{4U}{\pi}\left( \sin\omega t + \frac{1}{3}\sin 3\omega t + \frac{1}{5}\sin 5\omega t + \cdots \right) \tag{3}$$

其中，$\omega = 2\pi/T$。

由物理学中的振动合成、分解理论可以知道：复杂信号通过傅里叶变换可以分解成为若干正弦（或余弦）函数的叠加。反过来，如果将上述过程得到的各个频率的正弦（或余弦）函数重新叠加在一起，我们就可以重新得到原来的信号。叠加所用的频率成分越多，叠加信号的结果也越接近原来的信号，即用若干个不同频率的正弦波可以组成一个波形复杂的周期信号。

工程上将实现上述分解或变换的过程称为频谱分析，即频谱分析是将复杂信号中的各种基本的正弦（或余弦）成分分离出来。得到组合成复杂信号的这些基本成分有助于研究人员进一步了解复杂信号的性质，是现代科学一种常见的技术手段。在医学上各种人体信号的频谱分析可以用来进行不同层次的辅助性诊断。超声诊断、$X$ 射线断层扫描等现代诊断技术在不同层次上都使用了频谱分析技术。本实验是用压电晶体传感器采集人体的脉搏信号，通过电子技术和计算机技术对脉搏信号进行频谱分析，使同学在感性上了解传感器的作用和频谱分析的功能。

### 【实验内容和步骤】

检查并接通放大器电源，打开计算机，双击桌面上"压力测量"数据采集图标。程序正常运行时界面如图 2 所示。点击"开始采样"按钮，左上部图形区描绘出采集到的信号时域图形。轻轻按压压力传感器，曲线将随按压过程上下波动。

传感器用适当压力按压在桡骨远端动脉处（像听诊器一样轻按即可），如果位置及压力合适，在计算机上可以观察到实验者的脉搏波。当信号稳定时，点击"停止采样"按钮停止采集。

"基线"调节滑块的作用是将基线调整到适合观察的范围内，如果压力变化曲线不在显示区域内可点击该按钮。

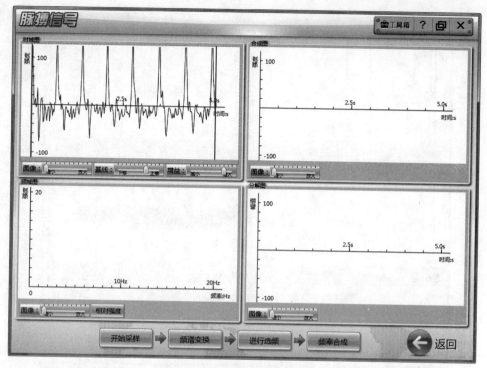

**图2  开始采样界面**

当压力显示区出现完整脉搏图时可点击"停止采样"按钮，然后用鼠标箭头选取分析的区域（由于脉搏不是完全周期性变化，所以选取分析对象时应选取有代表性的一个脉搏周期）。当第二条选取线确定之后，左下部图形区得到数据的傅里叶分析结果。

实验者做剧烈运动后，重复上述测量观察脉搏波及频谱成分的变化如图3所示。

比较同组两实验者的脉搏信号异同，如条件允许时比较自身锁骨下动脉与远端桡骨动脉的异同（不建议测量他人颈动脉）。

对软件提供的正弦波、方波和三角波进行频谱分析。

点击"标准信号"，选取准备处理的图形。

点击"正弦波（方波、三角波）"，截取完整的信号周期进行"频谱变换"即得到分解频谱的结果如图4所示。

设定不同的波形频率、幅值等参数，可以观察到频谱随信号的变化。

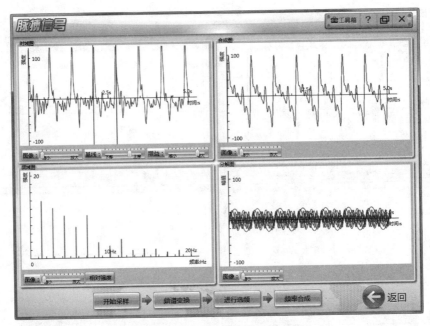

图 3 常见信号的分解与重建

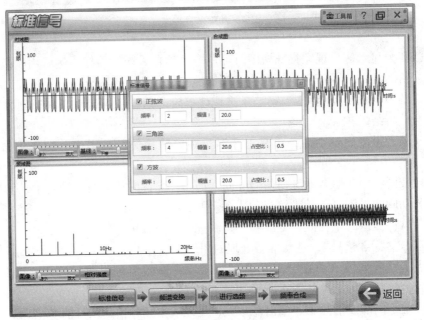

图 4 正弦波、方波和三角波进行频谱分析

利用工具箱中提供的图像导出功能，填写文件名并选择保存文件路径可将图形信息存储，如图 5 所示。

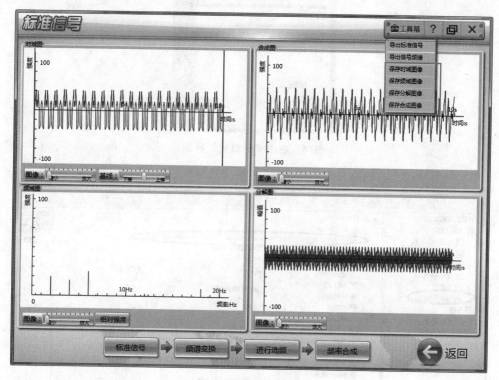

图5　图形信息存储

【数据及处理】

自行设计表格记录数据。

【注意事项】

1. 驱动连接方法。右击"计算机"点击管理，弹出设备管理界面，如图 6 所示。

点击"设备管理器"，右侧出现电脑中硬件设备的驱动程序，如图 7 所示。

脉搏语音信号分析设备（下称：设备）的硬件处理程序是："Art Device"，点击该项，下方出现"Art USB5935"驱动；请确保该驱动可以正常显示，再打开系统软件，否则脉搏语音信号分析系统无法正常工作。

图6　右击"计算机"界面

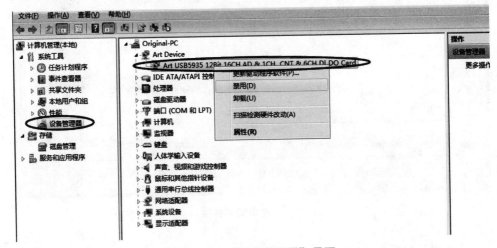

图7　打开"设备管理器"界面

2. 系统运行方法。

如图8所示，右击桌面上的系统的图标，选择"以管理员身份运行"（由于系统需要调用硬件驱动，各个机器对硬件的保护级别可能略有不同，所以有些机器可以直接运行，有些则不能直接运行，故建议统一都以管理员身份运行）。

3. 常见问题处理方法。

如果系统开机状态，长时间没有操作；再次使用的时候没有响应，请重复以下操作。

右击驱动程序，点击"禁用"，然后再点击"启用"，如图9和图10所示。

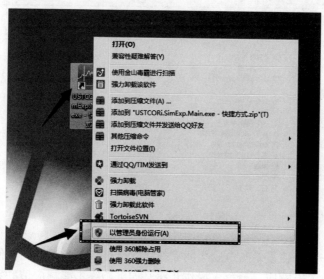

图8 "以管理员身份运行"界面

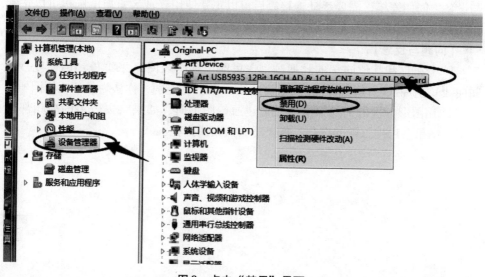

图9 点击"禁用"界面

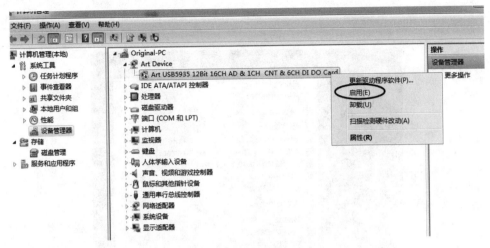

**图10 点击"启用"界面**

　　如此操作可以使设备与电脑之间重新建立链接，设备可以正常使用（如果操作一次，仍然没有响应，请再多操作几次，如果始终不能响应请联系科大奥锐公司）。出现以上现象的主要原因是：操作系统认为设备长时间没有使用，切断了与设备之间的连接，需要手动连接以后可以正常使用（或者重启电脑也可以正常使用）。

【问题与反思】

　　1. 分析你和其他同学的脉搏频谱，可能出现时域图（采集得到的幅度—时间曲线）上周期一样，而频域（频谱曲线）图上有差别，你认为是什么原因？

　　2. 用图形分析得到的频谱成分重建原始图形时，如果略去较多的高频部分图形，结果会出现怎样的变化？如果略去低频成分呢？

# 实验三十二　夫兰克—赫兹实验

## 【知识准备】

1. 玻尔原子能级的相关理论。
2. 示波器的使用。

## 【实验目的】

1. 研究夫兰克—赫兹管中电流变化的规律。
2. 通过测定氩原子的第一激发电位，了解和证明原子能级的存在。

## 【实验仪器】

夫兰克—赫兹实验仪、示波器。

## 【仪器简介】

夫兰克—赫兹实验仪的前面板和后面板分别如图1、图2所示。

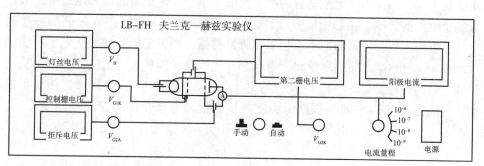

图1　夫兰克—赫兹实验仪前面板

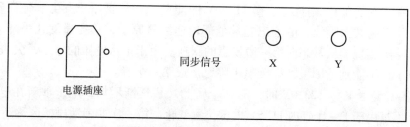

图2　夫兰克—赫兹实验仪后面板

**【实验原理】**

采用 1 只充氩气的四极管，其工作原理图如图 3 所示。

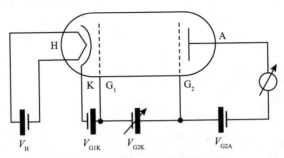

**图 3  夫兰克—赫兹实验原理图**

四极 F–H 管包括同心筒状电极灯丝 H，氧化物阴极 K，两个栅极 $G_1$、$G_2$ 和阳极 A。阴极 K 罩在灯丝 H 外，由灯丝 H 加热阴极 K，改变 H 的电压 $V_H$ 可以控制 K 发射电子的强度。靠近阴极 K 的是第一栅极 $G_1$，在 $G_1$ 和 K 之间加有一个小正电压 $V_{G1K}$，其作用一是控制管内电子流的大小，二是抵消阴极 K 附近电子云形成的负电位的影响。第二栅极 $G_2$ 远离 $G_1$ 而靠近阳极 A，$G_2$ 和 A 之间加一小的拒斥负电压 $V_{G2A}$，使得与原子发生了非弹性碰撞，损失了能量的那些电子不能到达阳极。$G_1$ 和 $G_2$ 之间距离较大，为电子与气体原子提供较大的碰撞空间，从而保证足够高的碰撞概率。由 K 发射的电子经 $G_2$、K 间电压 $V_{G2K}$ 的加速而获得能量，它们在 $G_2$、K 空间与氩原子不断碰撞，把部分或全部能量交换给氩原子，并在 $G_2$、A 间经拒斥电压作用减速达到阳极 A，检流计指示出阳极电流 $I_A$ 的大小。

实验表明，初始阶段 $V_{G2K}$ 电压较低，电子与氩原子的碰撞是弹性的。简单计算可知，在每次碰撞中，电子几乎没有能量损失。随着 $V_{G2K}$ 上升，当 $V_{G2K}$ = 11.5V 时，电子在 $G_2$ 附近将获得 11.5eV 的能量，并与氩原子发生非弹性碰撞，因此，将引起共振吸收，电子把能量全部传递给氩原子，自身速度几乎降为零。而氩原子则实现了从基态向第一激发态的跃迁。由于拒斥电压的作用，失去了能量的电子将不能到达阳极，$I_A$ 陡然下降，形成第一个峰。

当 11.5V < $V_{G2K}$ < 23.0V 时，随 $V_{G2K}$ 从 11.5V 逐渐增加，电子重新在电场中加速，不过由于 F–H 管内 11.5V 电位位置变化，第一次非弹性碰撞区逐渐向 $G_1$ 移动。因为到达 $G_2$ 时电子重新获得的能量小于 11.5V，故非弹性碰撞不会再发生，电子将保持其动能达到 $G_2$，从而能克服 $V_{G2A}$ 的阻力到达阳极，表现为 $I_A$ 的

又一次上升。当 $V_{G2K} = 23.0V$ 时，电子在 $G_2$、K 间与氩原子进行两次非弹性碰撞而失去全部能量，$I_A$ 再一次下降，曲线出现第二个峰。

显然，每当 $V_{G2K} = 11.5nV$（$n = 1, 2, \cdots$）时，都伴随着 $I_A$ 的一次突变，出现一次峰值，峰间距为 11.5V。连续改变 $V_{G2K}$，测出 $I_A$ 与 $V_{G2K}$ 的关系曲线，即可求出氩原子的第一激发电位。

不难预料，对于那些能量大于 11.5V 的激发态，由于电子在加速过程中积蓄的能量还未达到这些激发态的能量之前，已与氩原子进行了能量交换，实现了氩原子向第一激发态的跃迁，故向高激发态跃迁的概率就很小了。

**【实验内容和步骤】**

1. 示波器测量。

（1）插上电源，打开电源开关，将"手动/自动"档切换开关置于"自动"档（"自动"指 $V_{G2K}$ 从 0 ~ 120V 自动扫描，"自动"档包含示波器测量和计算机采集测量两种）。

（2）先将灯丝电压 $V_H$、控制栅（第一栅极）电压 $V_{G1K}$、拒斥电压 $V_{G2A}$ 缓慢调节到仪器机箱上所贴的"出厂检验参考参数"。预热 10 分钟，如波形不好，可微调各电压旋钮。如需改变灯丝电压，改变后请等波形稳定（灯丝达到热动平衡状态）后再测量（各电压对波形的影响见【附】）。

注意：每个 F–H 管所需的工作电压是不同的，灯丝电压 $V_H$ 过高会导致 F–H 管被击穿［表现为控制栅（第一栅极）电压 $V_{G1K}$ 和拒斥电压 $V_{G2A}$ 的表头读数会失去稳定］。因此灯丝电压 $V_H$ 一般不要高于出厂检验参考参数 0.2V 以上，以免击穿 F–H 管，损坏仪器。

（3）将仪器上"同步信号"与示波器的"同步信号"相连，"Y"与示波器的"Y"通道相连。"Y 增益"一般置于"0.1V"档；"时基"一般置于"1ms"档，此时示波器上显示出夫兰克—赫兹曲线。

（4）调节"时基微调"旋钮，使一个扫描周期正好布满示波器的 10 格，如图 4 所示；扫描电压最大为 120V，量出各峰值的水平距离（读出格数），乘以 12V/格，即为各峰值对应的 $V_{G2K}$ 的值（峰间距），可用逐差法求出氩原子的第一激发电位的值，可多测几组算出平均值。

（5）将示波器切换到 X – Y 显示方式，并将仪器的"X"与示波器的"X"通道相连，仪器的"Y"与示波器的"Y"通道相连，调节"X"通道增益，使整个波形在 X 方向上满 10 格，如图 5 所示，量出各峰值的水平距离（读出格数），乘以 12V/格，即为峰间距，可用逐差法求出氩原子的第一激发电位的值，可多测几组算出平均值。

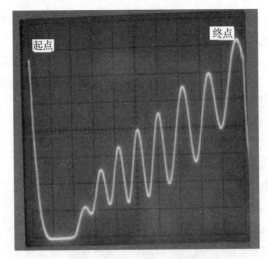

图 4  示波器普通方式显示

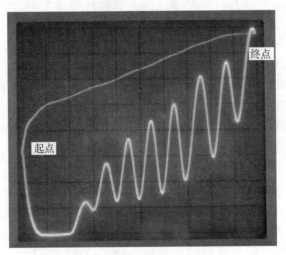

图 5  示波器 X – Y 方式显示

2. 手动测量。

（1）插上电源，打开电源开关，将"手动/自动"档切换开关置于"手动"档，微电流倍增开关置于"$10^{-9}$"档。

（2）先将灯丝电压 $V_H$、控制栅（第一栅极）电压 $V_{G1K}$、拒斥电压 $V_{G2A}$ 缓慢调节到仪器机箱上所贴的"出厂检验参考参数"。预热 10 分钟，如波形不好，可微调各电压旋钮。如需改变灯丝电压，改变后等波形稳定（灯丝达到热动平衡状态）后再测量（各电压对波形的影响见【附】）。

注意：每个 F－H 管所需的工作电压是不同的，灯丝电压 $V_H$ 过高会导致 F－H 管被击穿 ［表现为控制栅（第一栅极）电压 $V_{G1K}$ 和拒斥电压 $V_{G2A}$ 的表头读数会失去稳定］。因此灯丝电压 $V_H$ 一般不要高于出厂检验参考参数 0.2V 以上，以免击穿 F－H 管，损坏仪器。

（3）旋转第二栅极电压 $V_{G2K}$ 调节旋钮，测定 $I_A$－$V_{G2K}$ 曲线。使栅极电压 $V_{G2K}$ 逐渐缓慢增加（太快电流稳定时间将变长），每增加 0.5V 或 1V，待阳极电流表读数稳定（一般都可立即稳定，个别测量点需若干秒后稳定）后，记录相应的电压 $V_{G2K}$、阳极电流 $I_A$ 的值（此时显示的数值至少可稳定 10 秒以上）。

注意：因有微小电流通过阴极 K 而引起电流热效应，致使阴极发射电子数目逐步缓慢增加，从而使阳极电流 $I_A$ 缓慢增加。在仪器上表现为：在某一恒定的 $V_{G2K}$ 下，随着时间的推移，阳极电流 $I_A$ 会缓慢增加，形成"飘"的现象。虽然这一现象无法消除，但此效应非常微弱，只要实验时方法正确，就不会对数据处理结果产生太大的影响：即 $V_{G2K}$ 应从小至大依次逐渐增加，每增加 0.5V 或 1V 后读阳极电流表读数，不回读，不跨读。

以下两种操作方法是不可取的，应尽量避免：①回调 $V_{G2K}$ 读阳极电流 $I_A$。因为电流热效应的存在，前后两次调至同一 $V_{G2K}$ 下相应的阳极电流 $I_A$ 可能是不同的。②大跨度调节 $V_{G2K}$。这时阳极电流表读数进入稳定状态所需的时间将大大增加，影响实验进度。此时可将微电流倍增开关旋至"$10^{-6}$"档，后再旋回至"$10^{-9}$"档，可使电流稳定时间缩短。

（4）根据所取数据点，列表作图。以第二栅极电压 $V_{G2K}$ 为横坐标，阳极电流 $I_A$ 为纵坐标，作出谱峰曲线。读取电流峰值对应的电压值，用逐差法计算出氩原子的第一激发电位。

（5）实验完毕后，请勿长时间将 $V_{G2K}$ 置于最大值，应将其旋转至较小值。

【数据及处理】

1. 示波器测量。

请将测量的数据填入表1。

表1　　　　　　　　　　　第一激发电位测量数据

| 序号 | 1 | 2 | 3 | 4 | 5 | 6 | 7 | 8 |
|---|---|---|---|---|---|---|---|---|
| 峰值格数 | | | | | | | | |
| $V_{G2K}$（V） | | | | | | | | |

2. 手动测量。

请将测量的数据填入表2。

表2 手动数据记录

| $N$ | 1 | 2 | 3 | 4 | 5 | 6 | 7 | 8 | 9 | 10 | 11 | 12 | 13 |
|---|---|---|---|---|---|---|---|---|---|---|---|---|---|
| $V_{G2K}$ (V) | | | | | | | | | | | | | |
| $I_A$ (mA) | | | | | | | | | | | | | |
| $N$ | 14 | 15 | 16 | 17 | 18 | 19 | 20 | 21 | 22 | 23 | 24 | 25 | 26 |
| $V_{G2K}$ (V) | | | | | | | | | | | | | |
| $I_A$ (mA) | | | | | | | | | | | | | |
| $N$ | 27 | 28 | 29 | 30 | 31 | 32 | 33 | 34 | 35 | 36 | 37 | 38 | ... |
| $V_{G2K}$ (V) | | | | | | | | | | | | | |
| $I_A$ (mA) | | | | | | | | | | | | | |

3. 利用逐差法计算氩原子的第一激发电位。

$$\overline{V}_0 = \frac{1}{16}(V_5 - V_1 + V_6 - V_2 + V_7 - V_3 + V_8 - V_4) = \underline{\hspace{2cm}} \quad (\text{V})$$

$$\Delta V_i = V_{i+1} - V_i \qquad \sigma_{V_0} = \sqrt{\frac{\sum_{i=1}^{n}(\Delta V_i - \overline{V}_0)^2}{n-1}} = \underline{\hspace{2cm}} \quad (\text{V})$$

标准形式：$V_0 = \overline{V}_0 \pm \sigma_{V_0}$ （V）氩原子第一激发电位：_____。

【问题与反思】

1. 实验中若 F–H 管温度不稳定，对测量有何影响？

2. 在调节观察 $I_A$ 随 $V_{G2K}$ （V）的变化情况时，如果出现峰值时电流变化不显著，是什么原因？怎样能使变化幅度增大？

【附】各电压对曲线波形的影响

1. 灯丝电压 $V_H$。

灯丝温度对阴极的发射系数有很大影响，阴极发射出的电子速度分布和阴极温度有关。当灯丝电压很小时，单位时间内阴极发射出的电子数很少，此时阳极电流很小，看不到阳极电流的大小起伏变化，所以波形曲线上我们看不出波峰。随着灯丝电压增大，阳极电流增大，且基本上呈指数上升，类似于二极管中热电子发射的理查森定律。波形曲线的起伏很大，阳极电流的波峰越来越明显，但对于相邻波峰所对应的 $V_{G2K}$ 的差值没有影响。如果灯丝电压太大，本底电流上升，会使阴极表面物质因蒸发太快而剥落，易使管子老化，影响其使用寿命，并且在手动测量时，电流容易溢出测量范围，所以灯丝电压不宜选择过大。

图 1 为不同灯丝电压 $V_H$ 下的 $I_A - V_{2K}$ 曲线。

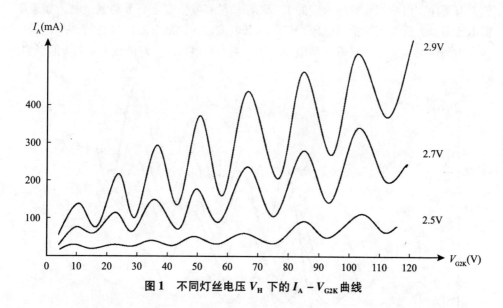

**图 1** 不同灯丝电压 $V_H$ 下的 $I_A - V_{G2K}$ 曲线

### 2. 控制栅极电压 $V_{G1K}$。

由于电子的动能大部分用来克服逸出功，剩余的动能很小。也就是说电子的初速度很小，电子堆积在阴极附近，形成空间电荷层，其电势低于灯丝电势，称为空间电荷效应。该空间电场会把带负电的电子拉回，抑制电子发射。在第一栅极上加小的正向电压，可以用来驱散阴极电子发射形成的电子云，提高发射效率。当控制栅极电压很小时，空间电荷效应明显，发射电子数量较少，因此阳极电流很小，波峰的幅度很小，观察不明显。随着控制栅极电压的增大，阳极电流总体上升，且波峰逐渐明显。当空间电荷效应消失时，此时如果继续增大控制栅极电压，阳极电流反而会减小，并且波峰的幅度也逐渐减小，所以存在最佳的控制栅极电压。控制栅极电压的大小对于相邻波峰所对应的 $V_{G2K}$ 的差值没有影响。图 2 为电压 $V_{G1K}$ 对 $I_A - V_{G2K}$ 曲线的影响。

### 3. 拒斥电压 $V_{G2A}$。

拒斥电压使第二栅极处的能量较低的电子不能到达阳极。拒斥电压越大，能够到达阳极的电子数越少，阳极电流越小。拒斥电压很小时，波峰不明显。随着拒斥电压的增大，波峰的幅值明显增大，同时阳极电流整体下降。当拒斥电压继续增大时，由于阳极电流整体下降，导致波峰越来越不明显，阳极电流甚至可能出现负值。这是因为电子与氩原子发生非弹性碰撞后，所剩能量很小，不能克服拒斥电压到达阳极而折回，从而形成反向电流，但此电流值很小。随着拒斥电压的增大，峰值会有变化，但是相邻峰所对应的 $V_{G2K}$ 的差值没有发生变化。手动测量时，如果阳极电流溢出，适当增加拒斥电压，可以降低电流值；如果电流出现负值，是拒斥电压太大引起的，应适当降低拒斥电压。图3 为拒斥电压 $V_{G2A}$ 对曲线 $I_A - V_{G2K}$ 的影响。

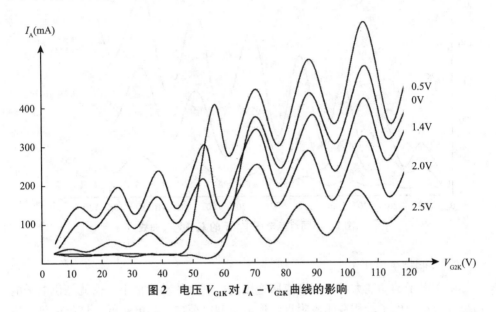

图2　电压 $V_{G1K}$ 对 $I_A - V_{G2K}$ 曲线的影响

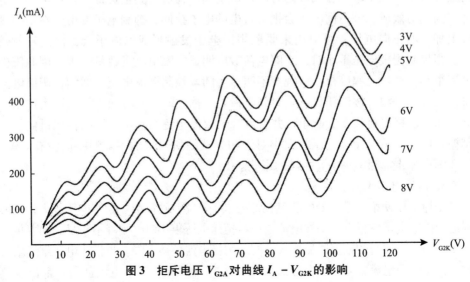

图3　拒斥电压 $V_{G2A}$ 对曲线 $I_A - V_{G2K}$ 的影响

# 附录　基本物理常量

　国际单位制

| 物理量名称 | 单位名称 | 单位符号 | | 用其他 SI 单位表示式 |
| | | 中文 | 国际 | |
|---|---|---|---|---|
| **基本单位** | | | | |
| 长度 | 米 | 米 | m | |
| 质量 | 千克 | 千克 | kg | |
| 时间 | 秒 | 秒 | s | |
| 电流 | 安培 | 安 | A | |
| 热力学温标 | 开尔文 | 开 | K | |
| 物质的量 | 摩尔 | 摩 | mol | |
| 光强度 | 坎德拉 | 坎 | cd | |
| **辅助单位** | | | | |
| 平面角 | 弧度 | 弧度 | rad | |
| 立体角 | 球面度 | 球面度 | sr | |
| **导出单位** | | | | |
| 面积 | 平方米 | 米$^2$ | m$^2$ | |
| 速度 | 米每秒 | 米/秒 | m/s | |
| 加速度 | 米每秒平方 | 米/秒$^2$ | m/s$^2$ | |
| 密度 | 千克每立方米 | 千克/米$^3$ | kg/m$^3$ | |
| 频率 | 赫兹 | 赫 | Hz | s$^{-1}$ |
| 力 | 牛顿 | 牛 | N | m·kg·s$^{-2}$ |
| 压力、压强、应力 | 帕斯卡 | 帕 | Pa | N/m$^2$ |
| 功、能量、热量 | 焦耳 | 焦 | J | N·m |
| 功率、辐射通量 | 瓦特 | 瓦 | w | J/s |
| 电量、电荷 | 库仑 | 库 | C | S·A |
| 电位、电压、电动势 | 伏特 | 伏 | V | W/A |
| 电容 | 法拉 | 法 | F | C/V |
| 电阻 | 欧姆 | 欧 | Ω | V/A |
| 磁通量 | 韦伯 | 韦 | wb | V·s |

续表

| 物理量名称 | 单位名称 | 单位符号 | | 用其他 SI 单位表示式 |
|---|---|---|---|---|
| | | 中文 | 国际 | |
| 磁感应强度 | 特斯拉 | 特 | T | Wb/m$^2$ |
| 电感 | 亨利 | 亨 | H | Wb/A |
| 光通量 | 流明 | 流 | lm | |
| 光照度 | 勒克斯 | 勒 | lx | lm/m$^2$ |
| 黏度 | 帕斯卡秒 | 帕·秒 | Pa·s | |
| 表面张力 | 牛顿每米 | 牛/米 | N/m | |
| 比热容 | 焦耳每米克开尔文 | 焦/(千克·开) | J/(kg·K) | |
| 热导率 | 瓦特每米开尔文 | 瓦/(米·开) | W/(m·K) | |
| 电容率（介电常量） | 法拉每米 | 法/米 | F/m | |
| 磁导率 | 亨利米 | 亨/米 | H/m | |

（导出单位）

**附表2**            **基本物理常数 1986 年国际推荐值**

| 量 | 符号 | 数值 | 单位 | 不确定度 ppm |
|---|---|---|---|---|
| 光速 | c | 299792458 | Ms$^{-1}$ | （精确） |
| 真空磁导率 | $\mu_0$ | $4\pi \times 10^{-7}$ | N·A$^{-1}$ | （精确） |
| 真空介电常量，$1/\mu_0 c^2$ | $\varepsilon_0$ | 8.854187817… | 10$^{12}$ F·m$^{-1}$ | （精确） |
| 牛顿引力常量 | G | 6.67259（85） | 10$^{11}$ m$^3$kg$^{-1}$·s$^{-2}$ | 128 |
| 普朗克常量 | h | 6.6260755（40） | 10$^{-34}$J·s | 0.60 |
| 基本电荷 | e | 1.60217733（49） | 10$^{-19}$C | 0.30 |
| 电子质量 | me | 0.91093897（54） | 10$^{-30}$kg | 0.59 |
| 电子荷质比 | −e/me | −1.75881962（53） | 10$^{11}$C/kg | 0.30 |
| 质子质量 | mp | 1.6726231（10） | 10$^{-27}$kg | 0.59 |
| 里德伯常量 | $R\infty$ | 10973731.534（13） | m$^{-1}$ | 0.0012 |
| 精细结构常数 | a | 7.29735308（33） | 10$^{-3}$ | 0.045 |
| 阿伏伽德罗常量 | NA，L | 6.0221367（36） | 10$^{23}$mol$^{-1}$ | 0.59 |

| 量 | 符号 | 数值 | 单位 | 不确定度 ppm |
|---|---|---|---|---|
| 气体常量 | R | 8.314510（70） | $J \cdot mol^{-1} \cdot K^{-1}$ | 8.4 |
| 玻耳兹曼常量 | k | 1.380658（12） | $10^{23} J \cdot K^{-1}$ | 8.4 |
| 摩尔体积（理想气体）<br>$T=273.15K$；$p=101325Pa$ | Vm | 22.41410（29） | L/mol | 8.4 |
| 圆周率 | $\pi$ | 3.14159265 | | |
| 自然对数底 | e | 2.71828183 | | |
| 对数变换因子 | $\log_e 10$ | 2.30258509 | | |

**附表3　　　　　20℃时常见固体和液体的密度**

| 物质 | 密度<br>$\rho$（$kg/m^3$） | 物质 | 密度<br>$\rho$（$kg/m^3$） |
|---|---|---|---|
| 铝 | 2698.9 | 窗玻璃 | 2400~2700 |
| 铜 | 8960 | 冰（0℃） | 800~920 |
| 铁 | 7874 | 石蜡 | 792 |
| 银 | 10500 | 有机玻璃 | 1200~1500 |
| 金 | 19320 | 甲醇 | 792 |
| 钨 | 19300 | 乙醇 | 789.4 |
| 铂 | 21450 | 乙醚 | 714 |
| 铅 | 11350 | 汽油 | 710~720 |
| 锡 | 7298 | 弗利昂－12 | 1329 |
| 水银 | 13546.2 | 变压器油 | 840~890 |
| 钢 | 7600~7900 | 甘油 | 1260 |
| 石英 | 2500~2800 | 食盐 | 2140 |
| 水晶玻璃 | 2900~3000 | | |

附表4 标准大气压下不同温度的纯水密度

| 温度 t（℃） | 密度 ρ（kg/m³） | 温度 t（℃） | 密度 ρ（kg/m³） | 温度 t（℃） | 密度 ρ（kg/m³） |
|---|---|---|---|---|---|
| 0 | 999.841 | 17.0 | 998.774 | 34.0 | 994.371 |
| 1.0 | 999.900 | 18.0 | 998.595 | 35.0 | 994.031 |
| 2.0 | 999.941 | 19.0 | 998.405 | 36.0 | 993.68 |
| 3.0 | 999.965 | 20.0 | 998.203 | 37.0 | 993.33 |
| 4.0 | 999.973 | 21.0 | 997.992 | 38.0 | 992.96 |
| 5.0 | 999.965 | 22.0 | 997.770 | 39.0 | 992.59 |
| 6.0 | 999.941 | 23.0 | 997.538 | 40.0 | 992.21 |
| 7.0 | 999.902 | 24.0 | 997.296 | 41.0 | 991.83 |
| 8.0 | 999.849 | 25.0 | 997.044 | 42.0 | 991.44 |
| 9.0 | 999.781 | 26.0 | 996.783 | 50.0 | 998.04 |
| 10.0 | 999.700 | 27.0 | 996.512 | 60.0 | 983.21 |
| 11.0 | 999.605 | 28.0 | 996.232 | 70.0 | 977.78 |
| 12.0 | 999.498 | 29.0 | 995.944 | 80.0 | 975.31 |
| 13.0 | 999.377 | 30.0 | 995.646 | 90.0 | 965.31 |
| 14.0 | 999.244 | 31.0 | 995.340 | 100.0 | 958.35 |
| 15.0 | 999.099 | 32.0 | 995.025 | | |
| 16.0 | 999.943 | 33.0 | 994.702 | | |

附表5 在海平面上不同纬度处的重力加速度

| 纬度 φ（度） | g（m/s²） | 纬度 φ（度） | g（m/s²） |
|---|---|---|---|
| 0 | 9.7849 | 50 | 9.81079 |
| 5 | 9.78088 | 55 | 9.81515 |
| 10 | 9.78204 | 60 | 9.81924 |
| 15 | 9.78394 | 65 | 9.82249 |
| 20 | 9.78652 | 70 | 9.82614 |
| 25 | 9.78969 | 75 | 9.82873 |
| 30 | 9.79338 | 80 | 9.83065 |
| 35 | 9.79740 | 85 | 9.83182 |
| 40 | 9.80818 | 90 | 9.83221 |

注：表中列出数值根据公式：$g = 9.78049（1 + 0.005288\sin^2\phi - 0.000006\sin^2\phi）$ 计算，式中 $\phi$ 为纬度。

附表6　　　　　　　　　　在20℃时部分金属的杨氏弹性模量

| 金属名称 | 杨氏模量 E | |
|---|---|---|
| | （Gpa） | （×10²kg/mm²） |
| 铝 | 69～70 | 70～71 |
| 钨 | 407 | 415 |
| 铁 | 186～206 | 190～210 |
| 铜 | 103～127 | 105～130 |
| 金 | 77 | 79 |
| 银 | 69～80 | 70～82 |
| 锌 | 78 | 80 |
| 镍 | 203 | 205 |
| 铬 | 235～245 | 240～250 |
| 合金钢 | 206～216 | 210～220 |
| 碳钢 | 169～206 | 200～210 |
| 康钢 | 160 | 163 |

注：杨氏模量值尚与材料结构、化学成分、加工方法关系密切，实际材料可能与表列数值不尽相同。

附表7　　　　　　　　　水的饱和蒸汽压与温度的关系　　　　　单位：Pa（mmHg）

| 温度（℃） | 0.0 | 1.0 | 2.0 | 3.0 | 4.0 | 5.0 | 6.0 | 7.0 | 8.0 | 9.0 |
|---|---|---|---|---|---|---|---|---|---|---|
| -10.0 | 260.8 (1.956) | 238.6 (1.790) | 218.1 (1.636) | 199.3 (1.495) | 182.0 (1.365) | 166.0 (1.246) | 151.4 (1.136) | 138.0 (1.035) | 125.6 (0.942) | 114.2 (0.857) |
| -0.0 | 610.7 (4.581) | 562.6 (4.220) | 517.8 (3.884) | 476.4 (3.573) | 438.0 (3.285) | 402.4 (3.018) | 369.4 (3.771) | 338.9 (2.542) | 310.8 (2.331) | 284.8 (2.136) |
| 0.0 | 610.7 (4.581) | 656.6 (4.925) | 705.5 (5.292) | 757.7 (5.683) | 813.1 (6.099) | 872.2 (6.542) | 934.8 (7.012) | 1061.6 (7.513) | 1072.6 (8.045) | 1147.8 (8.609) |
| 10.0 | 1227.8 (9.209) | 1312.04 (9.844) | 1402.3 (10.518) | 1497.3 (11.231) | 1598.3 (11.988) | 1704.9 (12.788) | 1817.8 (13.635) | 1937.3 (14.531) | 2063.6 (15.478) | 2196.9 (16.478) |
| 20.0 | 2337.8 (17.535) | 2486.6 (18.651) | 2643.5 (19.828) | 2809.1 (21.070) | 2983.6 (22.379) | 3167.6 (23.759) | 3361.6 (25.212) | 3565.3 (26.742) | 3779.9 (28.352) | 4005.8 (30.046) |
| 30.0 | 4243.2 (31.827) | 4493.0 (33.700) | 4755.3 (35.668) | 5030.9 (37.735) | 5380.1 (39.904) | 5623.6 (42.181) | 5942.2 (44.570) | 6276.1 (47.075) | 6626.1 (49.701) | 6993.1 (52.453) |
| 40.0 | 7377.4 (55.335) | 7778.7 (58.354) | 8201.0 (61.513) | 8641.8 (64.819) | 9102.8 (64.819) | 10087 (68.277) | 10615 (71.892) | 10615 (79.619) | 11165 (83.744) | 11739 (88.050) |

附表8 蓖麻油的粘度和温度的关系

| 温度（℃） | $\eta$（$10^{-3}$Pa. s） |
|---|---|
| 0 | 5300 |
| 5 | 3760 |
| 10 | 2420 |
| 15 | 1514 |
| 20 | 986 |
| 25 | 621 |
| 30 | 451 |
| 35 | 312 |
| 40 | 231 |
| 100 | 169 |

附表9 不同温度下与空气接触的水的表面张力

| 温度（℃） | $\gamma \times 10^{-3}$N · m$^{-1}$ | 温度（℃） | $\gamma \times 10^{-3}$N · m$^{-1}$ | 温度（℃） | $\gamma \times 10^{-3}$N · m$^{-1}$ |
|---|---|---|---|---|---|
| 0 | 75.62 | 16 | 73.34 | 30 | 71.15 |
| 5 | 74.90 | 17 | 73.20 | 40 | 69.55 |
| 6 | 74.76 | 18 | 73.05 | 50 | 67.90 |
| 8 | 74.48 | 19 | 72.89 | 60 | 66.17 |
| 10 | 74.20 | 20 | 72.75 | 70 | 64.41 |
| 11 | 74.07 | 21 | 72.60 | 80 | 62.60 |
| 12 | 73.92 | 22 | 72.44 | 90 | 60.74 |
| 13 | 73.78 | 23 | 72.28 | 100 | 58.84 |
| 14 | 73.64 | 24 | 72.12 | | |
| 15 | 73.48 | 25 | 71.96 | | |

**附表 10**     不同温度时干燥空气中的声速     单位：$m \cdot s^{-1}$

| 温度<br>(℃) | 0 | 1 | 2 | 3 | 4 | 5 | 6 | 7 | 8 | 9 |
|---|---|---|---|---|---|---|---|---|---|---|
| 60 | 366.05 | 366.60 | 367.14 | 367.69 | 368.24 | 368.78 | 369.33 | 369.87 | 370.42 | 370.42 |
| 50 | 360.51 | 361.07 | 361.62 | 362.18 | 362.74 | 363.29 | 363.84 | 364.39 | 364.95 | 364.95 |
| 40 | 354.89 | 355.46 | 356.02 | 356.58 | 357.15 | 357.71 | 358.27 | 358.83 | 359.39 | 359.95 |
| 30 | 349.18 | 349.75 | 350.33 | 350.90 | 351.47 | 352.04 | 352.62 | 353.19 | 353.75 | 354.32 |
| 20 | 343.37 | 343.95 | 344.54 | 345.12 | 345.70 | 346.29 | 346.87 | 347.74 | 348.02 | 348.60 |
| 10 | 337.46 | 338.06 | 338.65 | 339.25 | 339.94 | 340.43 | 341.02 | 341.61 | 342.20 | 342.78 |
| 0 | 331.45 | 332.06 | 332.66 | 333.27 | 333.87 | 334.47 | 335.57 | 335.67 | 336.27 | 332.87 |
| −10 | 325.33 | 324.71 | 324.09 | 323.47 | 322.84 | 322.22 | 321.60 | 320.97 | 320.34 | 319.72 |
| −20 | 319.09 | 318.45 | 317.82 | 317.19 | 316.55 | 315.92 | 315.28 | 314.64 | 314.00 | 313.36 |
| −30 | 312.72 | 311.43 | 311.43 | 310.78 | 310.14 | 309.49 | 308.84 | 308.19 | 307.53 | 306.88 |
| −40 | 306.22 | 304.91 | 304.91 | 304.25 | 303.58 | 302.92 | 302.26 | 301.59 | 300.92 | 300.25 |
| −50 | 299.58 | 298.91 | 298.24 | 297.65 | 296.89 | 296.21 | 295.53 | 294.85 | 294.16 | 293.48 |
| −60 | 292.79 | 292.11 | 291.42 | 290.73 | 290.03 | 289.34 | 288.64 | 287.95 | 287.25 | 286.55 |
| −70 | 285.54 | 285.14 | 284.43 | 283.73 | 283.02 | 282.30 | 281.59 | 280.88 | 280.16 | 279.44 |
| −80 | 278.72 | 278.00 | 277.27 | 276.55 | 275.82 | 275.09 | 274.36 | 273.62 | 272.89 | 272.15 |
| −90 | 271.41 | 270.67 | 269.92 | 269.18 | 268.43 | 267.68 | 266.93 | 266.17 | 265.42 | 264.66 |

**附表 11**　　　　　　　　　　**相对湿度查对表**

**干 湿 差 度**

| 湿表温度 | 1.0 | 1.5 | 2.0 | 2.5 | 3.0 | 3.5 | 4.0 | 5.0 | 6.0 | 7.0 |
|---|---|---|---|---|---|---|---|---|---|---|
| 30 | 93 | 89 | 86 | 83 | 79 | 76 | 73 | 67 | 61 | 55 |
|  | 93 | 89 | 86 | 82 | 79 | 76 | 72 | 66 | 60 | 54 |
|  | 93 | 89 | 86 | 82 | 79 | 75 | 72 | 65 | 59 | 53 |
|  | 93 | 89 | 85 | 81 | 78 | 75 | 71 | 65 | 59 | 53 |
| 25 | 92 | 88 | 85 | 81 | 78 | 74 | 71 | 64 | 58 | 51 |
|  | 92 | 88 | 85 | 81 | 77 | 74 | 70 | 63 | 57 | 51 |
|  | 92 | 88 | 84 | 80 | 77 | 73 | 70 | 62 | 56 | 49 |
|  | 92 | 88 | 84 | 80 | 76 | 72 | 69 | 62 | 55 | 48 |
|  | 92 | 88 | 83 | 80 | 75 | 72 | 68 | 61 | 54 | 47 |
| 20 | 91 | 87 | 83 | 79 | 75 | 71 | 67 | 60 | 52 | 45 |
|  | 91 | 87 | 83 | 78 | 74 | 70 | 66 | 59 | 51 | 44 |
|  | 91 | 86 | 82 | 78 | 74 | 70 | 65 | 58 | 50 | 43 |
|  | 91 | 86 | 82 | 77 | 73 | 69 | 65 | 56 | 49 | 41 |
|  | 90 | 86 | 81 | 77 | 72 | 68 | 63 | 55 | 47 | 39 |
| 15 | 90 | 85 | 81 | 76 | 71 | 67 | 62 | 54 | 48 | 37 |
|  | 90 | 85 | 80 | 75 | 71 | 66 | 61 | 53 | 44 | 35 |
|  | 90 | 84 | 79 | 74 | 70 | 65 | 60 | 51 | 42 | 33 |
|  | 89 | 84 | 79 | 74 | 69 | 64 | 59 | 49 | 40 | 31 |
|  | 89 | 83 | 78 | 73 | 68 | 62 | 57 | 48 | 38 | 29 |
| 10 | 88 | 83 | 77 | 72 | 66 | 61 | 56 | 46 | 36 | 26 |
|  | 88 | 82 | 77 | 71 | 65 | 60 | 55 | 44 | 34 | 24 |
|  | 88 | 82 | 76 | 70 | 64 | 58 | 53 | 42 | 31 | 21 |
|  | 87 | 81 | 75 | 69 | 62 | 57 | 71 | 40 | 29 | 18 |
|  | 87 | 80 | 75 | 67 | 61 | 55 | 49 | 37 | 26 | 14 |
|  | 86 | 79 | 73 | 66 | 60 | 53 | 47 | 35 | 23 |  |
| 5 | 86 | 79 | 72 | 65 | 58 | 51 | 45 | 32 | 19 |  |
|  | 85 | 78 | 70 | 63 | 56 | 49 | 42 | 29 |  |  |
|  | 84 | 77 | 68 | 62 | 54 | 47 | 40 | 25 |  |  |
|  | 84 | 76 | 68 | 60 | 52 | 45 | 37 | 22 |  |  |
|  | 83 | 75 | 66 | 58 | 50 | 42 | 34 | 18 |  |  |
| 0 | 82 | 73 | 64 | 56 | 47 | 39 | 31 |  |  |  |

例：干温度 20℃，湿温度 17℃，它们相差 3℃，查上表干湿差度 3 的数往下对准湿度 17℃，交叉数可读出 72% 。

| 表 12 | | | | 不同温度下水的黏滞系数 $\eta$ | | | | 单位：$10^{-3}\mathrm{Pa \cdot s}$ | |
|---|---|---|---|---|---|---|---|---|---|
| 温度<br>(℃) | 0 | 1 | 2 | 3 | 4 | 5 | 6 | 7 | 8 | 9 |
| 0 | 1.794 | 1.732 | 1.674 | 1.619 | 1.568 | 1.519 | 1.474 | 1.429 | 1.387 | 1.348 |
| 10 | 1.310 | 1.274 | 1.239 | 1.206 | 1.175 | 1.145 | 1.116 | 1.088 | 1.060 | 1.034 |
| 20 | 1.009 | 0.984 | 0.965 | 0.938 | 0.916 | 0.895 | 0.875 | 0.855 | 0.837 | 0.818 |
| 30 | 0.800 | 0.788 | 0.767 | 0.751 | 0.736 | 0.721 | 0.705 | 0.693 | 0.679 | 0.66 |

# 参 考 文 献

[1] 杨述武:《普通物理实验》,高等教育出版社 1985 年版。

[2] 方佩敏:《新编传感器原理、应用、电路详解》,电子工业出版社 1994 年版。

[3] 游海洋、赵在忠、陆申龙:《霍尔位置传感器测量固体材料的杨氏模量》,载于《物理实验》2000 年第 8 期。

[4] 龚镇雄:《普通物理实验》,人民教育出版社 1981 年版。

[5] 侯俊玲、刚晶、黄浩:《物理学实验》,科学出版社 2012 年版。

[6] 漆安慎、杜婵英:《力学》,高等教育出版社 2005 年版。

[7] 马黎君:《普通物理实验》,清华大学出版社 2015 年版。

[8] 何焰蓝、杨俊才、丁道一:《大学物理实验》,机械工业出版社 2010 年版。

[9] 张映辉:《大学物理实验》,机械工业出版社 2010 年版。

[10] 蔡永明、王新生:《普通物理实验》,化学工业出版社 2009 年版。

[11] 周惟公、张自力、郑志远:《普通物理实验》,高等教育出版社 2014 年版。

[12] 万纯娣:《普通物理实验》,南京大学出版社 2000 年版。

[13] 李平:《大学物理实验》,高等教育出版社 2004 年版。

[14] 朱俊孔、高峰、陆魁春:《普通物理实验》,山东大学出版社 2001 年版。

[15] 高允锋:《普通物理实验》,吉林大学出版社 2005 年版。

[16] 崔亚量、梁为民:《普通物理学》,西北工业大学出版社 2007 年版。

[17] 郑友进:《普通物理学》,高等教育出版社 2012 年版。